山はどうしてできるのか

ダイナミックな地球科学入門

藤岡換太郎

ブルーバックス

●カバー装幀／芦澤泰偉・児崎雅淑
●本文図版／さくら工芸社
●本文デザイン／土方芳枝
●カバー写真／アフロ（写真はマウナケア）

はじめに

周囲を海に囲まれた日本は、同時に山にも囲まれています。広大な関東平野といえども、電車で1時間も走れば山につきあたります。私たち日本人にとって山は、ごくありふれた地形です。しかし中国大陸やサハラ砂漠などには、見渡すかぎり地平線が続く、まったく平坦な地形があります。もし、そこから出たことのない人たちが山を訪れ、隆々と盛り上がった大地を目にしたら、非常に驚くことでしょう。そして「なぜこのようなものができたのか」という疑問を抱くことでしょう。

では、日頃あたりまえのように山を見ているみなさんは、この疑問に答えることができるでしょうか？

日本を代表する山、富士山についてならさすがに「火山」や「マグマ」というキーワードを用いて成り立ちを説明できる人は少なくないでしょう。しかし、山は火山だけではありません。日本にはたくさんある火山も、広く世界を見ればさまざまに分けられる山の種類の一つにすぎません。そして日本にも、火山ではない山はたくさんあります。

こう言うと、山にはほかにどんな種類があるのか？　それはどうやってできたのか？　なぜ日本にはこんなに火山が多いのか？　なぜ山が多い地域とほとんどない地域があるのか？　など、いくつもの疑問が浮かび上がってくるのではないでしょうか。

このようなことを考えるのが地球科学という学問です。本書はみなさんが山の多様性を知り、それぞれの山がどうしてできていくのかについて考えることで、それらの山をつくっている地球について理解するきっかけにしていただくことを目標に書いたものです。「水の惑星」といわれている地球は、場所によっては「石の惑星」でもあり、また「砂の惑星」でも「氷の惑星」でもあります。地球の環境は一様ではなく、場所によって、時間によって大きく変わるのです。そうしたことをつかさどる地球の理論を紹介することが、本書の狙いです。読み進めるにつれておそらく、山についてのみならず、地球についての見方も大きく変わってくるのではないかと思います。

ここで一つ例をあげれば、山は動かないものとみなさんは思っているはずです。富士山を間近に見上げる甲斐国（現在の山梨県）を本拠とした戦国武将、武田信玄の有名な軍旗「風林火山」にも「其疾如風、其徐如林、侵掠如火、不動如山」（その疾《はや》きこと風の如く、その徐《しず》かなること林の如く、侵《おか》し掠《かす》めること火の如く、動かざること山の如く）とあり、山は「動かないもの」の代表とされています。しかし、この考え方は地球科学から見れば正しくありません。人間の時間尺度では動かないように見える山も、地質学的な時間尺度で見れば、動いているのです。そのことは本書でくわしく説明しています。

「山はどうしてできるのか」という問いへの答えは、一つではありません。山をつくる岩石だけを見てもさまざまで、決して単一のプロセスで山ができるわけではありません。しかし、本書では山のできかたを一つの理論で統一的に説明することにこだわりました。そんな理論があるのでしょうか？　あります。その理論を軸にして、すべての山ができる理由をこれから説明していきます。

本書は山を登るように、準備運動から始めて一合目、二合目と進んでいき、最後に頂上に立つと全体が見渡せるように組み立ててあります。結論を急ぎたい方は、六合目から八合目までを読んでいただいても山のでき方は一通りわかります。ただ、それだけではエレベーターで途中の景色を見ずに登るようなものなので、次はもう一度、最初からゆっくりと登りなおしてみてください。地球が山という地形をつくるまでのいくつもの段階を、ひとつ一つじっくりと味わってください。そして頂上からあらためて、人間にとっては気の遠くなるような時間をかけて山が動いている姿を眺めていただきたいと思います。山は単に「そこにある」のではなく、みなさんの想像をはるかに超えたドラマチックな物語を秘めていることがおわかりになるでしょう。

山はどうしてできるのか　目次

八合目

山はこうしてできる

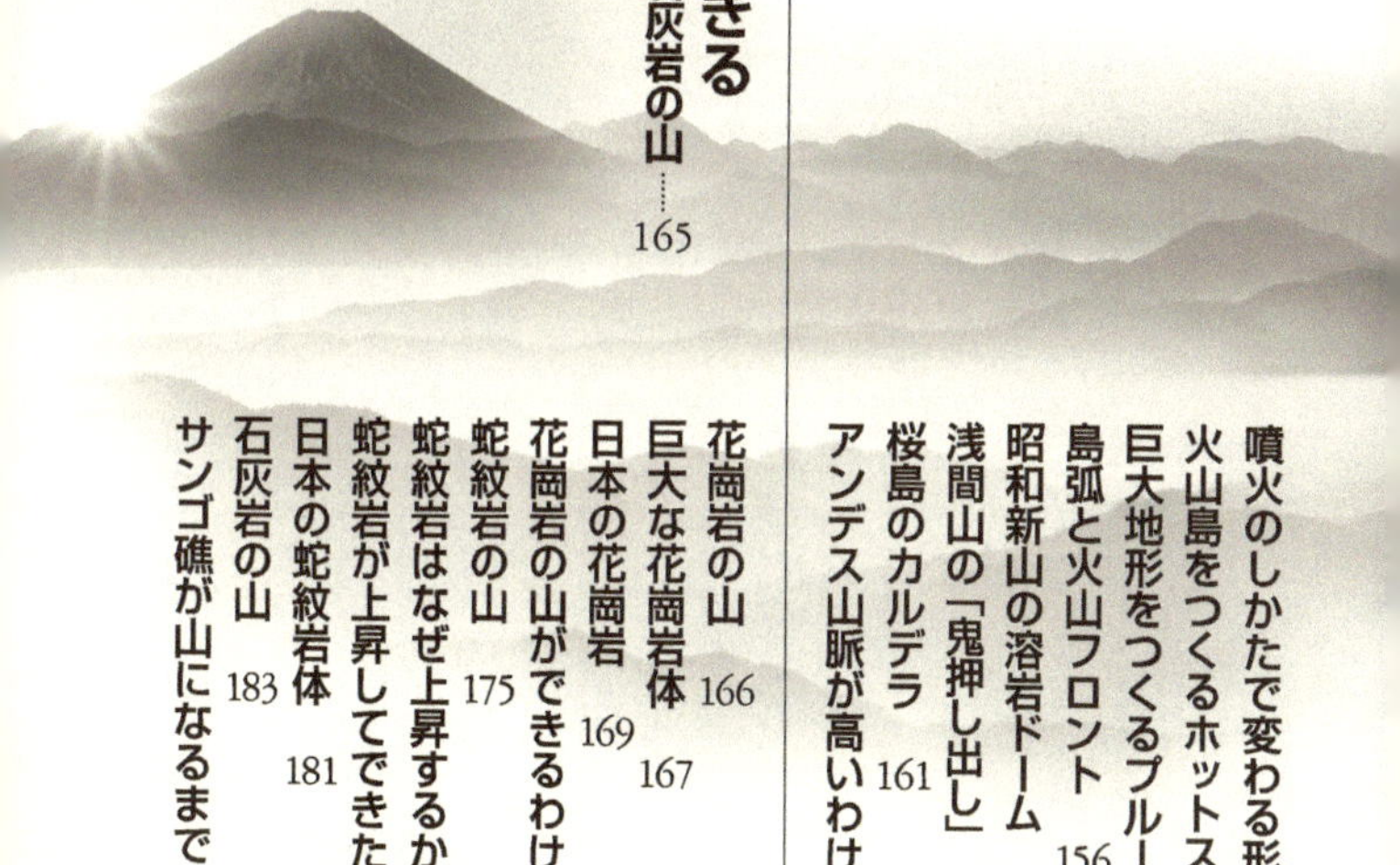

準備運動

世界一高い山はエベレストか

▲8848mから4・53mまで

世界の最高峰エベレストの初登頂をめざし、三度目の挑戦中に消息を絶ったイギリスのマロリーが、「あなたはなぜ山に登るのですか?」という記者の質問に対して「そこに山があるからだ」と答えたという話はあまりにも有名です。しかし、実はこの話は、記者が「あなたはなぜそこまでして（エベレスト）山に登るのですか」と質問したのに対してマロリーが「そこに（エベレスト）山があるからだ」と答えたというのが真相だともいわれています。真偽はともかくこのやりとりは、生命の危険をもかえりみず最高峰の山をめざすという行為も、人間が本来抱えている情熱の表れのひとつであることを物語っています。

エベレストは1953年5月29日、ニュージーランドのエドモンド・ヒラリーとシェルパのテンジン・ノルゲイによって初登攀《とうはん》され、この時点で、これより高い人類未踏の山は地球上にはなくなってしまいました。1975年5月16日には日本の田部井淳子さんが女性のエベレスト初登攀を果たし、また、七大陸最高峰の制覇もなされ（田部井さんもその一人です）、現在では山の「高さ」への挑戦という興味はもはや失われています。

さて、世界にはいったいいくつの山があるのでしょうか。標高がもっとも高いヒマラヤ山脈のエベレスト山が8848m、もっとも低い日本の天保山（大阪府）が4・53m。地球の陸上に

表0-1　6000m以上の山

順位	山　名	所在 山地名・島名	所在 国　名	標高(m)
1	エベレスト(チョモランマ、サガルマータ)	ヒマラヤ	中国・ネパール	8 848
2	ゴドウィンオースチン(K2)	カラコルム	(カシミール・シンチャン)	8 611
3	カンチェンジュンガ	ヒマラヤ	インド・ネパール	8 586
4	ローツェ	ヒマラヤ	中国・ネパール	8 516
5	マカルウ	ヒマラヤ	中国・ネパール	8 463
6	チョーオユ	ヒマラヤ	中国・ネパール	8 201
7	ダウラギリ	ヒマラヤ	ネパール	8 167
8	マナスル	ヒマラヤ	ネパール	8 163
9	ナンガパルバット	ヒマラヤ	(カシミール)	8 125
10	アンナプルナ	ヒマラヤ	ネパール	8 091
11	ガシャーブルム	カラコルム	(カシミール)	8 068
12	ゴサインターン(シシャパンマ フェン)	ヒマラヤ	中国	8 012
13	ムスターグ	クンルン中部	中国	7 723
14	コングル	パミール	中国	7 719
15	チリチュミール	ヒンヅークシ	パキスタン	7 690
16	ミニャコンカ(ゴンガシャン)	クンルン東南部	中国	7 556
17	ムスターグアタ	パミール	中国	7 546
18	コムニズム峰	パミール	タジキスタン	7 495
19	ポベジ峰	テンシャン	キルギスタン・中国	7 439
20	ハンテンリ	テンシャン	中国	6 995
21	アコンカグア	アンデス	アルゼンチン	6 960
22	オーホスデルサラド	アンデス	アルゼンチン・チリ	6 908
23	ボネテ	アンデス	アルゼンチン	6 872
24	ピシス	アンデス	アルゼンチン	6 858
25	ツプンガト	アンデス	アルゼンチン・チリ	6 800
26	メルセダリオ	アンデス	アルゼンチン	6 770
27	ワスカラン	アンデス西山系	ペルー	6 768
28	ジュジャイジャコ	アンデス	アルゼンチン・チリ	6 723
29	サハマ	アンデス西山系	ボリビア	6 542
30	イヤンプ	アンデス東山系	ボリビア	6 485
31	コロプーナ	アンデス西山系	ペルー	6 425
32	イリマニ	アンデス東山系	ボリビア	6 402
33	アウサンガテ	アンデス東山系	ペルー	6 394
34	チンボラソ	アンデス	エクアドル	6 310
35	サルカンタイ	アンデス東山系	ペルー	6 271
36	マッキンリー	アラスカ	米国(アラスカ)	6 194

ある山は、すべてこの間の標高に収まっています。天保山は人工的に作られたものですが、『ギネスブック』に一番低い山として登録されています。もともとは大阪湾の浚渫《しゅんせつ》で積み上げられた瓦礫《がれき》の山だったのです。

『理科年表』で世界のおもな高山を見てみましょう。標高8000mを超える山は、世界で12座あります。これらのほとんどはヒマラヤ山脈の中にあります。次に7000m以上8000m未満の山を見ると意外に少なく7座。これらはクンルン山脈、パミール高原などの中にあります。ここまではすべて北半球の山が占めています。それでは6000m以上7000m未満の山はというと、北半球ではアジア大陸に1つのほかには、北米大陸最高峰のマッキンリー（6194m）しかありません。なんとそれ以外の15座は、南米大陸最高峰のアコンカグア（6960m）をはじめ、すべて南半球にあります。南北でずいぶん偏っているものです（表0－1）。

ところが5000m以上6000m未満の山になると、アジア大陸で6座、アフリカ大陸で3座、北米大陸で7座、南米大陸で5座、オセアニアで1座と、これは南北均等に合計22座あります。

さらに見ていくと、5000m以上の高さの山が世界には58座あること、ヨーロッパと南極大陸には5000m以上の山がないということもわかります。また、日本などを含む弧状列島にも5000mを超える山はありません。

もうひとつ、世界の高山を見ていて気づくのは、山脈や山地は大陸の中央にあるのではなく、大陸の縁に近いところにあるということです。つまり大陸は、中央は低く、縁にいくほど高くなっているのです。

目に見えない「世界最高峰」

いま見てきたのはすべて「陸上の山」でした。しかし、実はこの地球上には、陸上のほかにも山があります。そう、「海中の山」です。

海底にはいたるところに独立した山があります。陸上にも山はたくさんありますが、海の中は目で見えにくいこともあって、まさに数えきれないほどの山があります。これらは「海山」と呼ばれています。海山の多くはよく見るとある線に沿って並んでいて、山脈のように見えます。むしろ山脈として分布しているものが目立ちます。大西洋の真ん中には、北極海から、火山と温泉と氷の島・アイスランドを経て南極海まで、およそ2万㎞にもわたって海底の山脈が連なっています。こうした海の真ん中にある山脈を中央海嶺《かいれい》といい、大西洋にある中央海嶺は「大西洋中央海嶺」と呼ばれています。海底の山脈は陸上の山脈に比べると、その比高（周辺の海底からの高さ）は3000m程度ですが、山脈のすそ野（幅）はなんと1000㎞にも及んでいて、全体としてはのっぺりした地形を呈しています。

このように海中までも視野に入れると、地球上で一番高い山は、実はエベレストではないのです。ハワイ島にある火山、マウナケア（本書カバーの写真）。標高4205mと陸上の山としてはとるに足らない高さですが、この山は水の上に浮かんでいるわけではありません。標高は海抜で測りますがそれは海面から上の話で、マウナケアは海の底から聳《そび》えています。周辺の海底の深さは、およそ5000mあります。つまり、もし海水を取り去ったとすると、なんと9000mを超える巨大な山が出現することになるのです。なお火山だけでいえば陸上で一番高いのは南米のオーホスデルサラド（6908m）ですが、マウナケア火山はもちろん、これをはるかに凌《りょう》駕《が》します。マウナケアこそは、地球上で一番高い山であり、一番高い火山なのです。

マウナケアはマグマが固まってできた山です。しかし、マグマの量という観点で見ると、この山は実はたいしたことはありません。短時間に膨大な量のマグマが供給されてできた地形が海底には別にあり、それらは「海台」と呼ばれています。いわば海底の台地です。現在、地球上でもっとも大きいのはパプアニューギニアの東沖にあるオントンジャワ海台で、その面積は日本の5倍以上の約200万㎢、厚さは約30㎞にも達します。これだけの体積のマグマが噴出してできた地形なのです。

このように、海洋から海水を取り去ったと仮定してみると、地球はふだん私たちが思いもよらない地形を呈示してきます。「山」というものの見え方もまったく変わってくるのです。本書でこれから話をする「山」とは、陸上に限らず、人がふだん見ることができない海中までも視野に入れた、地球の凸凹《でこぼこ》そのもののことです。

ところで、海中の山の高さは海の深さで決まりますが、一般的には海の真ん中が浅く、端っこのほうが深くなっています。このことは太平洋を見ると顕著です。太平洋では日本から1万km以上も東にある東太平洋海膨《かいぼう》と呼ばれるところが高く（浅く）、日本近海や反対側の南米大陸の西側近くの海底はきわめて水深が大きいことがわかります。つまり、陸上の高い山が大陸の端にあるように、海底の深い場所（のちに説明する海溝）は海洋の縁にあるということです。このような高さや深さの偏りはどうしてできるのでしょう。その理由はのちに述べますが、本書のテーマである「山はどうしてできるのか」と根本的なところで大きく関連しています。

山の数だけドラマがある

ここで、私と山との関わりについて少し述べてみたいと思います。

京都に生まれ育った私は、北白川の家から毎日、比叡山を眺めていました。四季折々に変化するその姿は、いまもまぶたにまざまざと焼きついています。『広辞苑』で「山」を引くと15もの項目があげられていますが、そのうちの一つになんと「比叡山」があります。奈良時代に天台宗の祖・最澄がそこに開いた延暦寺が山岳宗教の拠点となり、戦国時代に織田信長に焼き討ちされたことは有名です。また、比叡山の南に位置する大文字山も、毎年8月16日の五山の送り火が「大文字焼き」として知られています。送り火は京都のどこからでも見ることができ、日本中から京都市の人口と同じくらいの人が見物に集まってきます。比叡山や大文字山は、京都の人だけでなく日本人の誰からも親しまれている山といっていいでしょう。

大学に入ってからは静岡で4年間、日本一の山・富士山を毎日眺めていました。説明するまでもなく、古くから歌に詠まれ、絵画に描かれてきたその美しい姿は日本の象徴ともいえます。富士山に登れない人のために全国各地に人工的な「富士塚」がつくられ、庶民の信仰の対象にもなっていました。富士塚は富士山の玄武岩でできていて、大きなものでも5mほどですが、ちゃんと一合目から十合目まであって頂上には浅間神社が祀《まつ》られています。

江戸時代に富士山を描いた安藤広重や谷文晁《ぶんちょう》らは、富士山の両側の稜線《りょうせん》がなす角度を85度くらいの、直角よりやや小さい鋭角で表現しています。しかし近代に入ってから太宰治は「富嶽百景」という小説で、実際は鈍角で、およそ117~124度であると書いています。数学者にとっても富士山の稜線は関心の的で、その曲線を一つの方程式で表すことに熱中した人は少なくなかったようです(結論は不可能なのだそうですが)。

大学1年の夏休みにはテントを担いで北海道の山々を歩きまわり、利尻山、羅臼《らうす》岳、大雪《たいせつ》山、摩周岳、昭和新山などを踏破しました。大学3年になって地質学を勉強するようになり、山には火山活動によってできたものや、断層運動によってできたもののほかに、花崗《かこう》岩からなる山、蛇紋岩からできた山、石灰岩でできた山など、さまざまな成因によるものがあることを知りました。

その後、海洋底地球科学を研究するようになって、今度は海洋調査船や潜水調査船「しんかい6500」に乗って深海の名もなき山々を探査することになりました。海洋調査船の乗船日数は1000日を超え、潜水調査船の乗船回数は70回以上を数えました。

こうして山や海を研究してきて、「山はどうしてできるのか」が私にもようやく少しずつわかってきたところです。山や山脈のでき方については古くからいろいろな考え方が提唱され、多くの議論や論争がなされてきました。それだけ人々の心をとらえて離さない疑問なのでしょう。

平坦な台地が（地質学的には短い期間で）盛り上がり、山ができることは、実はきわめて不思議な現象であり、地球科学にとって魅力的なテーマです。そこに山があるということは、壮大なドラマがそこで起きたということなのです。

山ができる理由については現在ではようやく、多くの人に認められる統一的な考え方が確立されましたが、本書では単にそれを解説するだけではなく、そこに至るまでの思考の面白さについても紹介していきたいと思います。みなさんが山を一合目、二合目……と登っていくにつれて見えてくる景色が変わっていき、山頂にたどり着いたときには「山」そのものの見方・考え方ががらりと変わる、そんな本をめざしたいと思います。

地質年代表（単位：百万年）

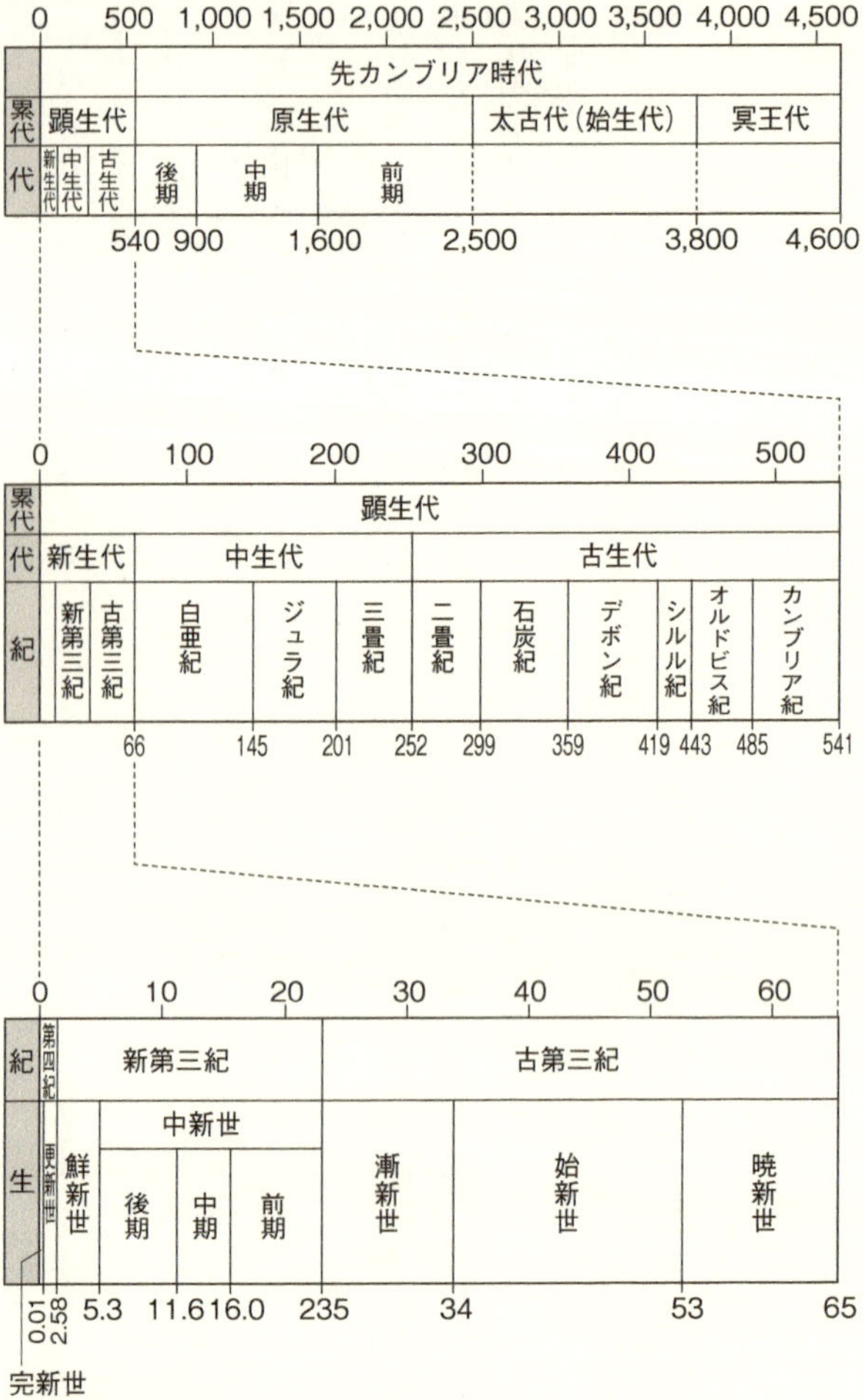

[**地質時代区分表**]

地質時代とは地球ができてから人類が出現するまでの時代をいう。人類が現在の状態にまで進化したのは新生代の第四紀以降である。

一合目　山を見るための4つの視点

▲なぜそこに山があるのか

日本列島は四方を海に囲まれていますが、どこにいても必ず山が見えます。だから私たちは「山がそこにある」ことを空気のように当たり前に考えています。しかし、山があることは決して当たり前のことではありません。この世界には山がまったくない広大な平地もあり、実物の山を見ないまま一生を終える人も少なくないのです。もしそんな場所に住む人が山と出会ったらどれだけ驚くか、想像に難くありません。それは熱帯に住む人が雪を見たとき、山の中に住む人が大海原を見たときに勝るとも劣らない感動でしょう。そして次には、必ずこう思うでしょう。

「なぜ大地がこんなに高く隆起したのだろう?」

しかしこの問いは、初めて山を見た人だけのものではないと思います。山に慣れ親しんでいるつもりの私たち日本人も、この問いにきちんと答えることは難しいのではないでしょうか。「そこに山があるから」とマロリーの真似をして答えてみても、「なぜそこに山があるのか」とさらに問い返されるだけです。

この問いに科学的に迫ることは、山について、ひいてはみなさんが毎日なにげなく踏みしめている地面、つまり地球についての固定観念をも覆すことになるでしょう。頂上までの道のりの登山口となるこの一合目では、まず「山」というものを科学的に見るとはどういうことなのかについて述べていきます。

▲空間的視点と時間的視点

子どもの頃に毎日、比叡山を眺めていた私は、比叡山を自分の部屋という一点から眺めていたにすぎません。四季折々の変化は見えていましたが、違った角度からは比叡山を見ることはしませんでした。山を見るためには、その視点をいろいろと変える必要があります。

正面だけでなく裏から、横から、とさまざまな角度から見るだけでも、山の表情は一変します。しかし、それだけでは足りません。準備運動の章でも述べたように、海から山々を見ると、陸上で見ているのとはまったく違った様相を呈するのです。さらには空から、もっといえば宇宙空間からの視点もあります。実際に宇宙に出ることはできなくても、それだけのスケールに山をおいて眺めると、新しい発見があります。

また、逆にうんと接近して山を見ることも重要です。山をつくっている岩石の、さらに岩石をつくる鉱物の細かい構造を見ることは、山を理解するうえで欠かせません。

これらは空間的な視点の移動ですが、それとともに必要なのが時間的な視点です。

1年間、四季折々の変化のみならず、山は100年、1000年……100万年というオーダーで見れば劇的に変化しています。その動きをとらえなくては、山を見ることになりません。

山について考えることは学問では地球科学という分野の仕事になりますが、このように対象を空間的・時間的に視点を変えて見ることは、地球科学に限らず、あらゆる自然科学に求められる基本的な姿勢です。

▲地上からの視点

私たちがふだん山を見るときは、山そのものだけでなく、山を含めたひとつの風景、つまり「景観」として見ているといえます。景観の構成要素としては渓谷、川、滝、森林、花畑、湖、池、湿地、温泉などがあります。しかし、その景観に「美しい」「心和む」「厳しい」「荒涼とした」といった印象の違いをもたらすのは、景観の中心をなす山ではないでしょうか。

日本の国土全体を地形別に見ると、山地55%、火山地6%、丘陵11%、山麓・火山麓4%、台地11%、低地13%です。火山地や山麓などを含めると「山」と称される土地は全体の65%にもなります。このように山なくしては考えられない日本の景観は、明治27年に志賀重昂《しげたか》が著した『日本風景論』によって、初めてまとまった形で世の中に紹介されました。志賀は日本の風景がこれほどまでに美しいのは、日本の山々が多様な種類の岩石からできていて、それぞれが美しい景観をなしているからであろうと述べています。これは山をつくる岩石の種類というものに着目した画期的な発見でした。当時の人々は自分たちの住む国の美しさに感動を覚えたのでしょう、『日本風景論』は飛ぶように売れたといいます。

山の景観のなりたちについては、多くの地理学者によっても解説されています。景観の基本は地形ですから、彼らの研究対象でもあったのです。辻村太郎は昭和15年に書いた『山』という本で志賀重昂の考え方を受け継ぎ、景観をかたちづくるものとして渓谷、山嶺《さんれい》、氷河、火山という章を設けています。ほかに地理学者による山の研究としては、ノーベル物理学賞を受けた湯川秀樹の父・小川琢治《たくじ》が若い頃から内外の野外調査に精力的に従事し、日本人として初めて日本の地質図を作っています。大塚弥之助《やのすけ》は昭和17年に『山はどうしてできたか』という本書とよく似た名前の本を書き、山は現在進行形でつくられていて、地表の大きな構造が現在も刻一刻と形成されつつあるという当時としてはきわめて斬新な考え方を述べています。しかしその後、山についての著作はこれらの地理学的な研究書よりも、どちらかといえば登山家の立場から書かれたものがほとんどでした。

地理学の歩みを世界的に見れば、私はアレキサンダー・フォン・フンボルト（１７６９〜１８５９、図１－１）こそがその開祖であったように思います。フンボルトは若い頃に南米オリノコ川の源流を探検し、当時は世界最高峰とみられていたチンボラソ山にも登っています。南米の西海岸沖には彼の名をとったフンボルト海流が流れています。南米のみならずアフリカやロシアなど世界各地を探検し、博物学の草分け的存在とされています。地理学、とくに野外科学としての

図1−1　フンボルト

地理学や地質学も、すべてフンボルトから始まったのではないかと私は思っています。

彼の研究は宇宙から人類まで、あらゆる分野に及びました。なかでも植物地理学や人類学にはきわめて大きな貢献をはたしました。その研究の集大成が『コスモス』全5巻ですが、フンボルトは第5巻半ばを執筆中に89歳という高齢で亡くなりました。『コスモス』は自然界の森羅万象を考察した博物学の本として、いまも広く読まれています。その生涯を紹介する書籍としては『フンボルト』（ダグラス・ボッティング、西川治・前田伸人訳）があります。

山を見るにはさまざまな視点に立つことが必要であるとさきに述べましたが、それはあらゆる場所に探検に出かけ、その場に立って考察したフンボルトの姿勢に通じるものがあります。しかもフンボルトの時代と違って、いまでは海の底や宇宙空間からも山を見ることが可能になっています。

▲海からの視点

準備運動でも述べたように、海からの視点で眺めてみると私たちの山についてのイメージは一変します（図１－２）。たとえば日本列島付近を見れば、千葉県の房総半島沖の日本海溝、伊豆・小笠原海溝そして相模トラフ（海溝）が一点で重なったところ（海溝三重点）では、水深はおよそ９２００ｍあります。日本一の山・富士山の高さは言わずと知れた３７７６ｍですが、いま仮に海水をすべて取り去って、私たちが海溝三重点に立って富士山を見上げたとしたら、なんと１万３０００ｍの山に見えます。エベレストよりも高く見えるのです（そのエベレストも、ガンジス川が流れ込む水深３０００ｍ超のベンガル湾の底から見上げれば、やはり１万ｍを超える巨大な山に見えるはずです）。

日本列島のすぐ近くにこれほど大きな地表の凹凸が存在することは驚きですが、このように海底から見ると凹凸はきわめて大きくなることも驚きです。凹凸の「凸」、つまり山とは、私たちに見えている以上に大きなものなのです。

ここで、地球全体の凹凸の分布を定量的に見てみます。「ヒプソグラフ曲線」という変わった名前のダイアグラムがあります（30ページの図１－３）。これは地球の表層の凹凸を陸上では高度、海底では水深で表し、１０００ｍごとに占める面積の割合を示したものです。陸上で一番高い山はエベレストの８８４８ｍ、海底でもっとも深い場所はマリアナ海溝のチャレンジャー海淵《かいえん》で、水深１万９２０ｍです。その凹凸の差（比高）は最大約２万ｍにもなるわけです。およそハ

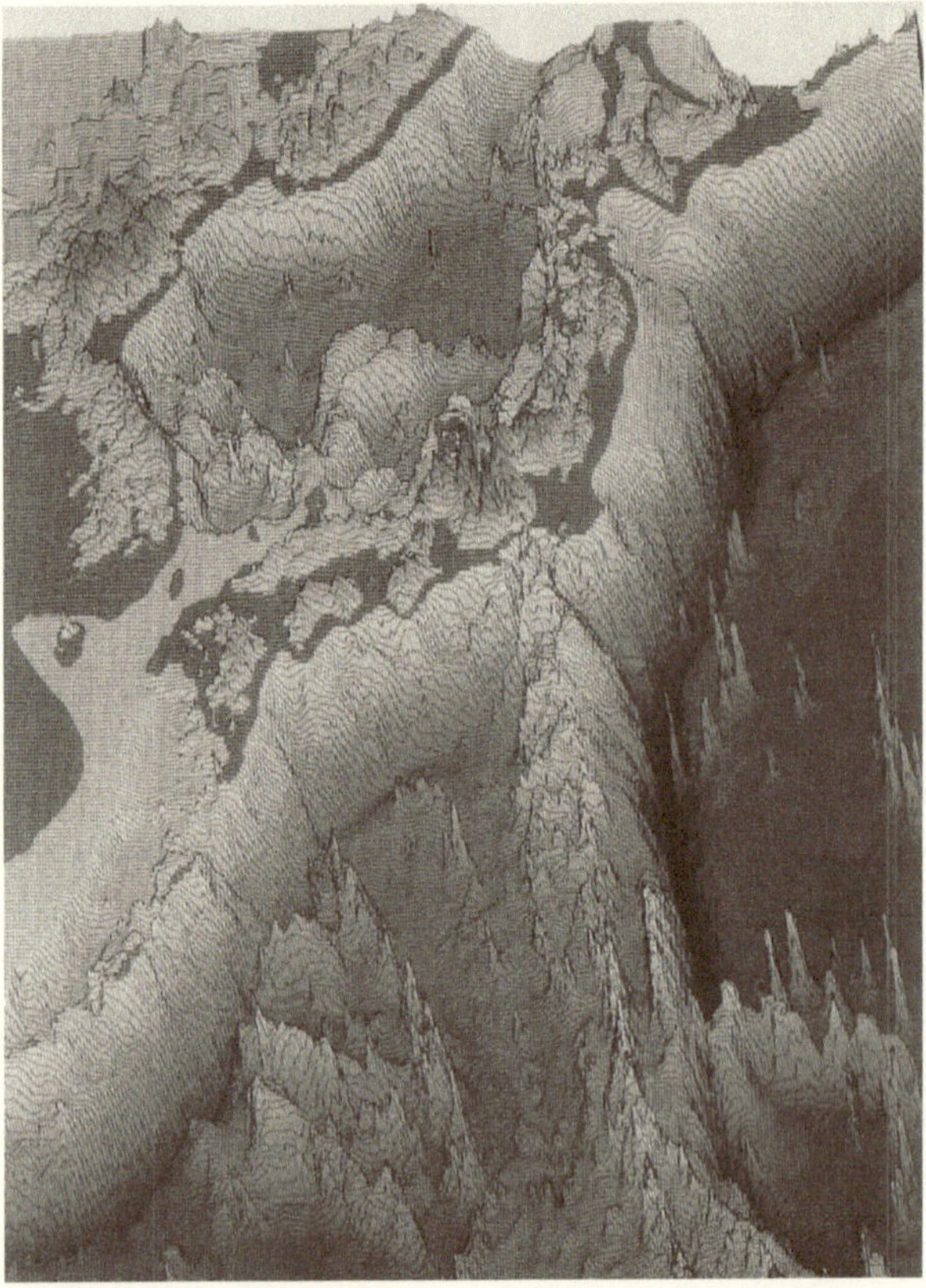

図1-2［**海から見た日本の地形**］日本列島は陸上では中部日本が高く、海中では列島の縁で海溝を形成している。陸上を空から見下ろした図を鳥瞰図というが、海から見た図は鯨瞰図という

ーフマラソンの距離です。

ヒプソグラフ曲線を見ると、面白いことに気がつきます。まず陸上に一番多く分布するのは高さ０～１０００ｍの部分で、地球全体の20・９％を占めています。標高４０００ｍより高いところはきわめて少なく、０・５％以下です。陸地とは意外に低いものなのです。一方、海底で一番多く分布しているのは水深４０００～５０００ｍの深海底で、地球全体でも23・２％と最大の比率を占めています。つまり、陸の一番多い高さと海の一番多い深さの差はおよそ４０００ｍということです。また、陸の平均の高さは８４０ｍ、海の平均の深さは約３８００ｍ、その差は約３０００ｍです。このようにヒプソグラフ曲線から「陸は低く、海は深い」ということがわかります。

だから、もし陸をどんどん削って、海をひたすら埋め立てていくと、海は埋め立てられるどころか、陸がすべて海中に没してしまいます。地球はおよそ水深３０００ｍの水の惑星になってしまうのです。

▲海底の４つの構造

ここで、海底の地形について基本的なことを押さえておきましょう。山を考えることは地球の凹凸を考えることであり、それには地表の７割を占めている海を無視するわけにはいかないから

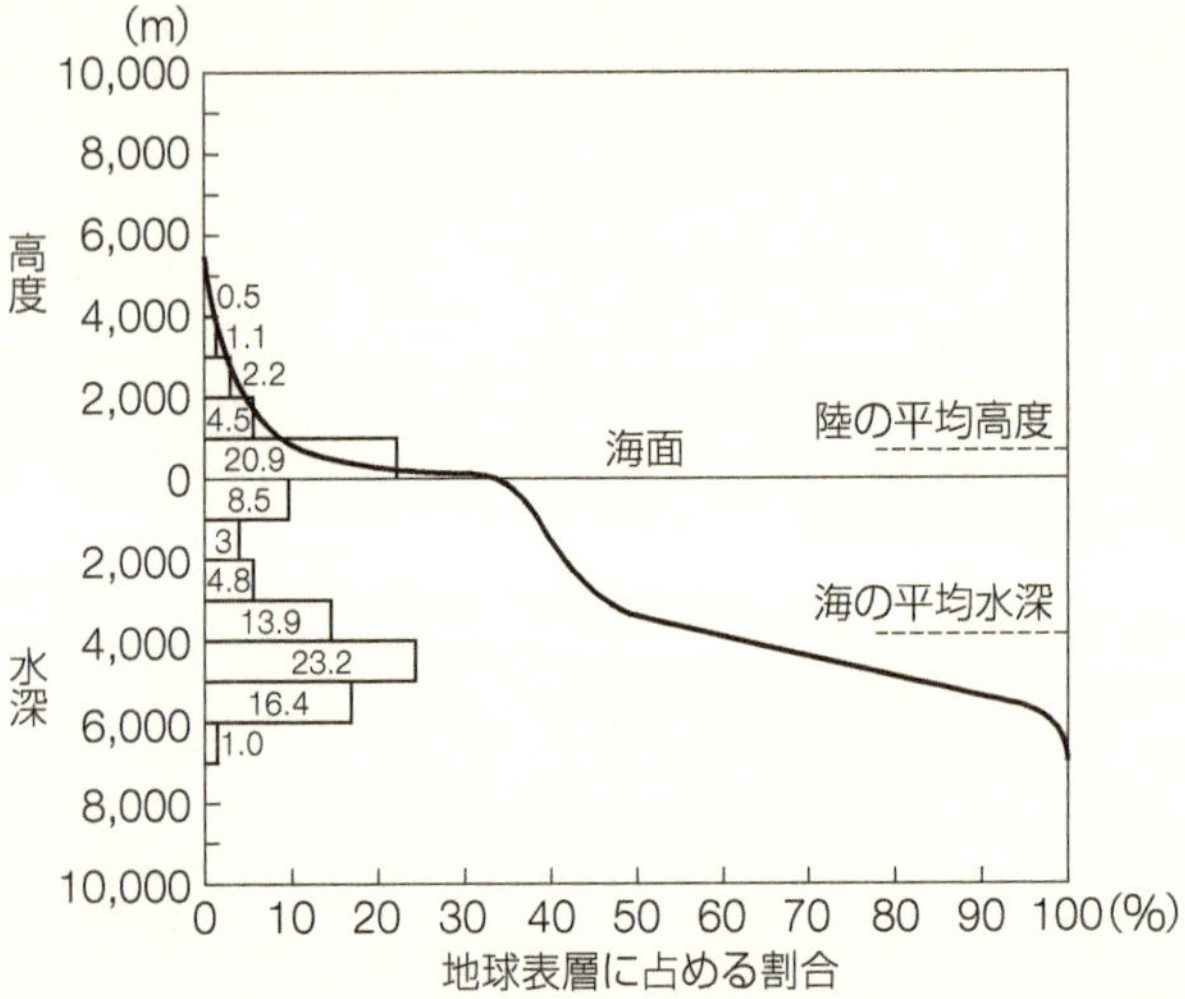

図1-3［ヒプソグラフ曲線］各高度、各水深（1000mごと）が地球の表面に占める割合

です。

もしかしたらみなさんは、海というものは陸から遠ざかるほど深くなっていくと思っていませんか？　最近の科学が明らかにしたところでは実は正反対で、海は遠くへいくほど浅くなるのです。

もしあなたが、海水を取り去った地球を人工衛星から眺めることができたら、きわめてドラマチックな大地形が見られるでしょう。最近ではGoogle Earthで同様の地形を見ることができます。海底には特徴的な、4つの大きな構造があります。それらは場合によっては陸上の構造よりはるかに大きいものです。

その第1は海嶺です（図1-4）。たとえば大西洋の真ん中には、巨大な山脈が存

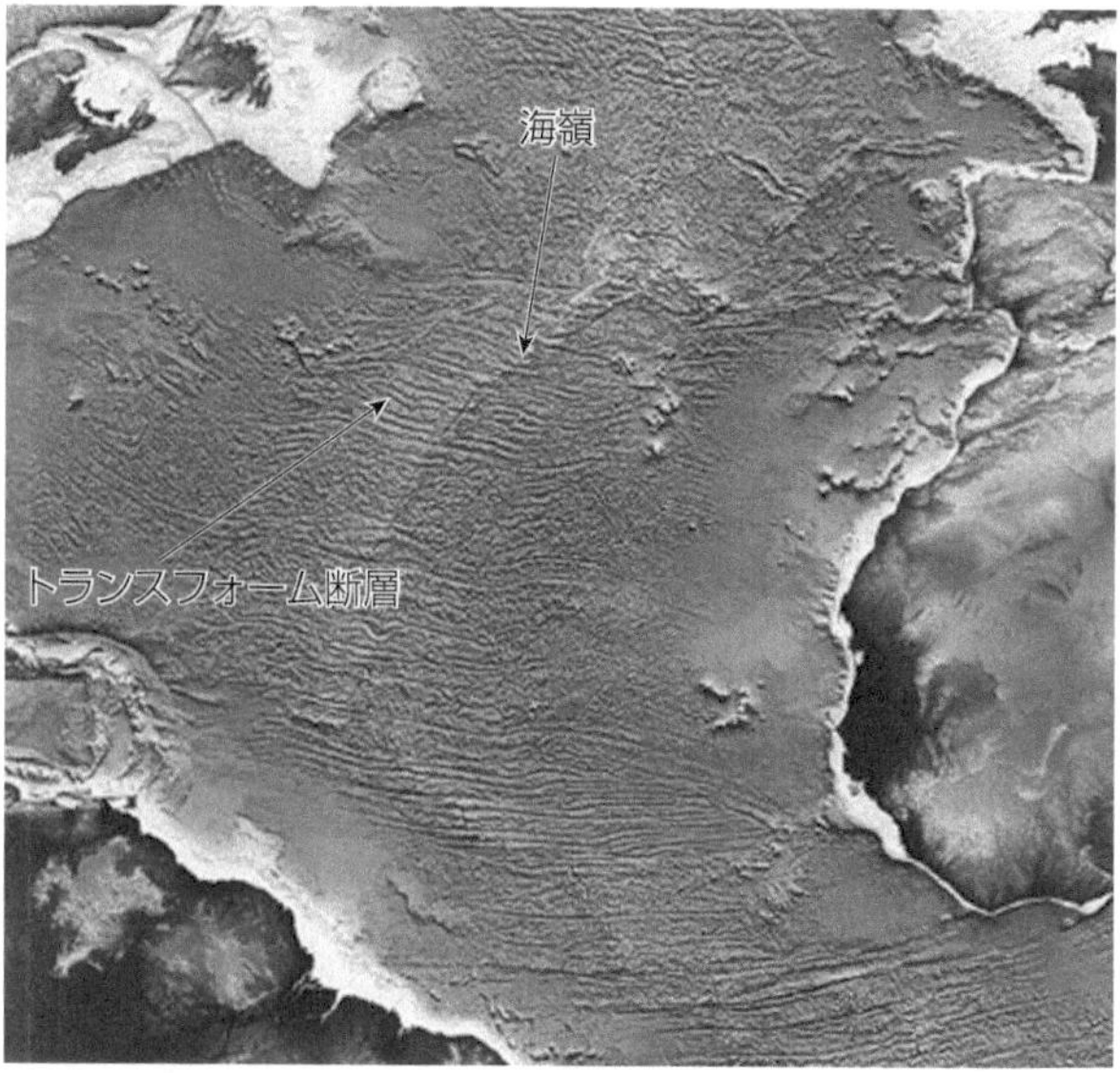

図1−4　海嶺とトランスフォーム断層

在しています。この山脈は差し渡しが１０００㎞以上もあって、高さは周辺の海底と比べて３０００ｍほどです。北は北極海からアイスランドを経て、赤道を横切り、南は南極海まで連なっています。これが大西洋中央海嶺です。

このような海底山脈は大西洋だけではなく、太平洋にもその東側に東太平洋海膨という高まり、山脈が連なっていますし、インド洋にもあります。これらは「山」というにはあまりにも大きな構造です。地球をなんと6万〜8万㎞にもわたってぐるりと取り巻いているのです。これらの山脈はほぼ大洋の真ん中にあるので、大洋中央海嶺と呼んでいます。

大洋中央海嶺をよく見ると、それに直

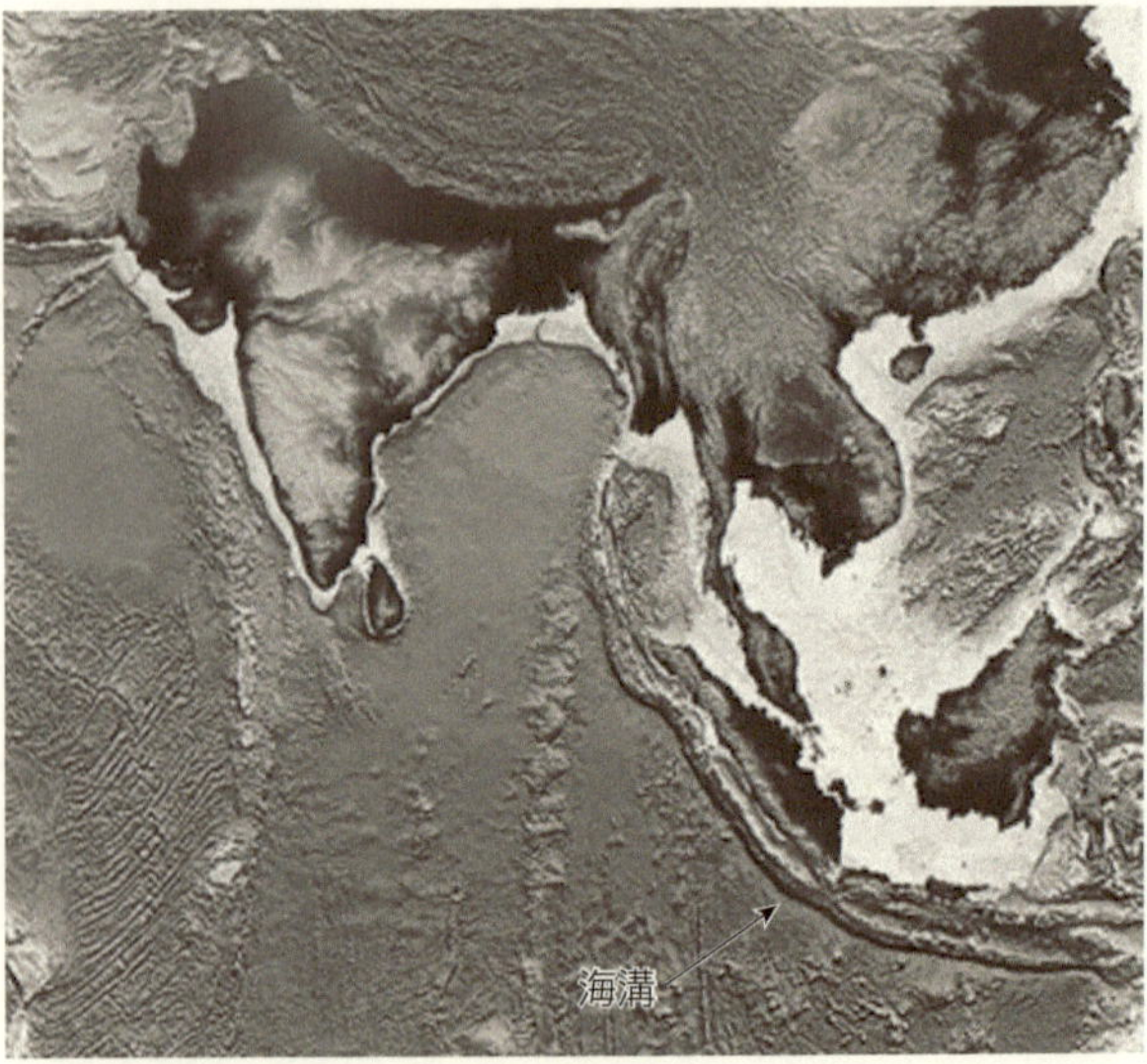

図1-5［海溝］日本列島の周辺や環太平洋に多い

交する方向に無数の線状の地形がありま す。まるで刺身の切り身のようですが、これがトランスフォーム断層または断裂帯と呼ばれる、海底第2の大構造です（図1-4）。長いものでは大西洋の端から端まで、およそ6500㎞にもわたって分布しています。「トランスフォーム」とはその一方の端の海嶺や海溝から、反対の端の海嶺や海溝への「橋渡し」をするという意味です。大きなものには発見した船の名前などがつけられていて、たとえば南太平洋にあるエルタニン断裂帯や北太平洋のメンドシノ断裂帯などがあります。これらは海水がなければ宇宙空間からでも容易に発見できるでしょう。実はこの構造は、海だけでなく陸上にもあります。カリフォルニア湾から北西に１０００㎞も伸びたサン・アンドレアス断層や、ニュージーランドを縦断して走っているアルパイン断層なども、やはりトランスフォーム断層です。

第３の構造は海溝と呼ばれるもので、太平洋の縁に沿って広く分布しています（図１－５）。海溝とは、一般的には「水深６０００ｍより深い溝状の地形」と定義されています。ただし、それより浅くても堆積物《たいせき》を取り去ったときに６０００ｍの深さになるものも海溝に区分されています。たとえば南海トラフという海溝は現状では水深６０００ｍに届きませんが、厚い堆積物を取り去れば優に６０００ｍを超えます。

日本列島の周辺にある海溝には、東北沖の日本海溝、北海道沖の千島海溝、アリューシャン海溝、伊豆・小笠原海溝、南海トラフ、琉球海溝などがあります。海溝では山はできずに、地震活動が起こっています。そのため日本列島ではほぼ毎年、どこかで大きな地震が起きています。海溝で起こる地震は震源が深く、津波を発生することがしばしばあります。

第４の構造として、海山や海台があります。海山は準備運動でも少し紹介したように、文字通り海の中にある山のことです（図１－６）。周辺の海底から１０００ｍ以上の比高を持つものを海山、それより小さいものは海丘と呼んでいます。海山は線状に並ぶことが多いため、ハワイ―天皇海山列、ライン海山列といった名前がついています。海山の形はおおむね美しい円錐《えんすい》形ですが、ヒトデの腕のように何本も枝分かれした尾根（リフトと呼ばれている）を持つものもありま

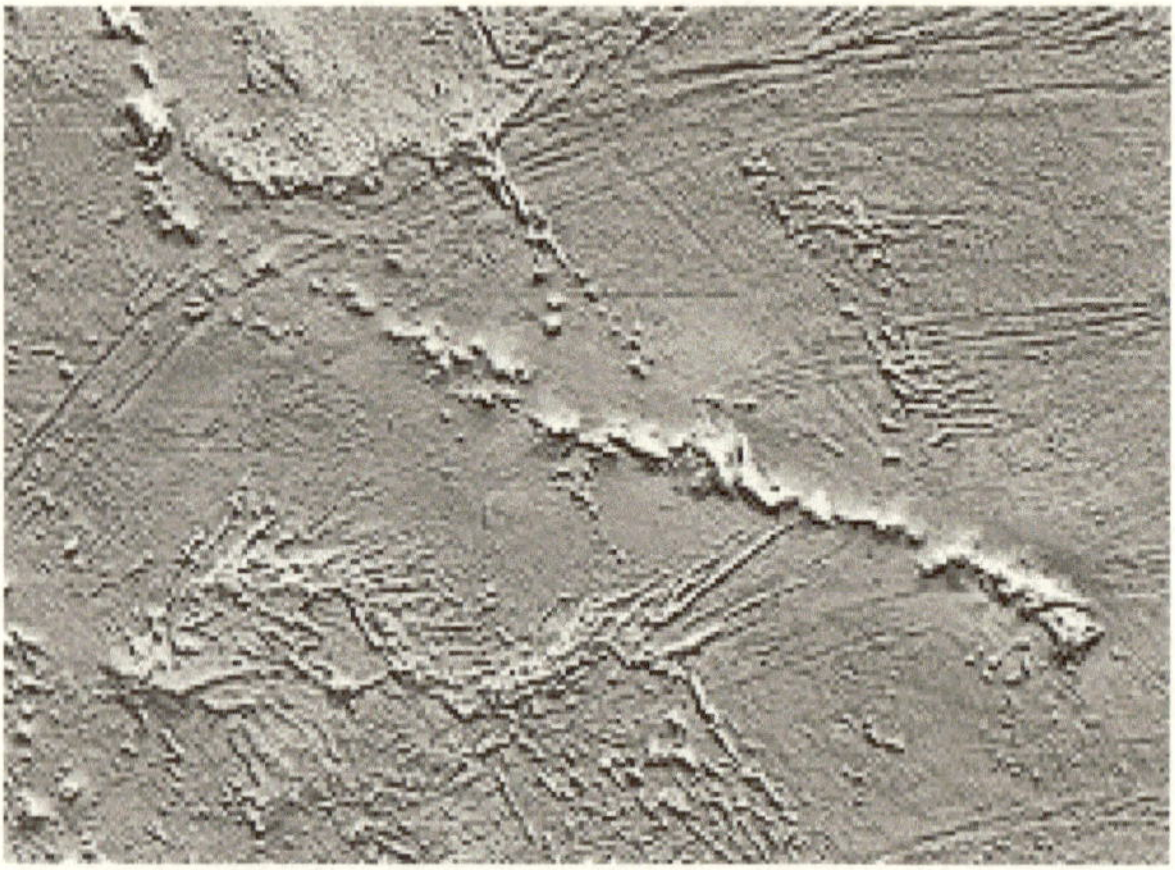

図1-6 ［海山］ほとんどが玄武岩質の火山である

す。また、頂上が平坦な海山はギヨー（平頂海山）とも呼ばれています（平頂海山を研究していたギヨーの名前を取ったもの）。海山の数は太平洋では1960年代には少なくとも4000個は知られていましたが、おそらくその数はもっと多く、1万近くあると考えられます。

海山よりもさらに大きく、その頂上が平坦なものが海台です（図1－7）。ギヨーよりもはるかに巨大な、その名のとおり海の台地といえる構造です。のちに海洋底拡大説を発表したヘスは、海台は大陸の残骸《ざんがい》と考えていたようですが、実際は海山も海台も、膨大な量の溶岩が地質学的に短い時間の間に噴出してできたものです。

海底にはこれらの特徴的な4つの大きな構造が見られます。その他の部分のほとんどは、深海底あるいは深海平原と呼ばれる平坦で広大な地域になって

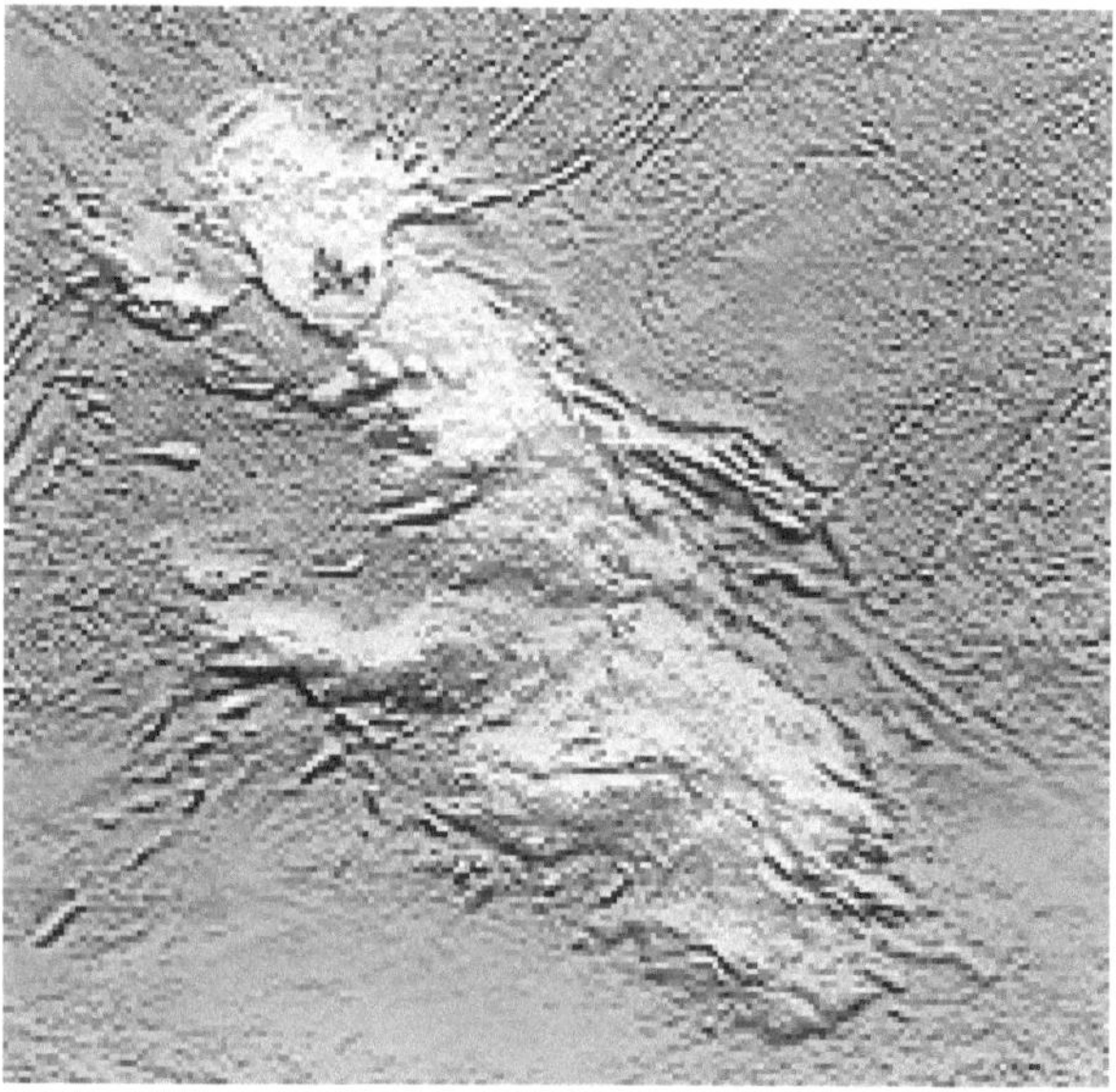

図1-7［海台］オントンジャワ海台（上）の面積は日本の５倍強

います。さまざまな堆積物で埋積された、文字通り深海底にある平原です。

このように海からの視点を導入すると、山とは陸海問わず地続きの地表にできた「でっぱり」であることがよくわかると思います。地上の山だけが山ではないのです。このことは１９５０年以前にはあまりよくわかっていませんでした。イギリスがつくった世界最初の海洋調査船「チャレンジャー号」の１８７２〜１８７６年にかけての航海で、大西洋の真ん中がまわりより浅いことはわかっていましたが、海の中にも山があるとは考えられていませんでした。

▲宇宙からの視点

地表に住む人間にとって、エベレストは天上はるかに聳《そび》え立つ構造物に感じられます。海洋の最も深いところ、マリアナ海溝のチャレンジャー海淵との高低差は約20㎞あります。これが地表の凹凸の最大値です。高さとして見れば途方もない数字に思えますが、水平にして距離として見ればハーフマラソンほどで、マラソン選手なら1時間もあれば走れてしまう差でもあります。

さらに半径約6380㎞の地球のスケールで見れば、20㎞は問題にならないくらい小さな凹凸です。たとえばコンパスで半径6・4㎝の円を描けば、線の太さの中に隠れてしまうほどの割合です。このように、地球をうんと突き放して宇宙空間から見たと仮定すると、山の見え方は大きく異なってきます。

私たちの住む地球は、太陽系に8つある惑星のうち3番目の惑星です。太陽から地球までの距離は約1億5000万㎞で、世の中で一番速い光でも約8分、時速1000㎞のジャンボジェットなら17年ほどかかります。この距離を天文単位といい、宇宙空間の膨大な長さを表すのに使われます。一方で地球の半径約6380㎞は、時速60㎞の車で走り続ければ約4日半で地球の中心へとたどりつく距離です。

地球の質量（重さ）は6×10^{27}gです。その平均密度5・52g／㎤は、太陽系の惑星の中では

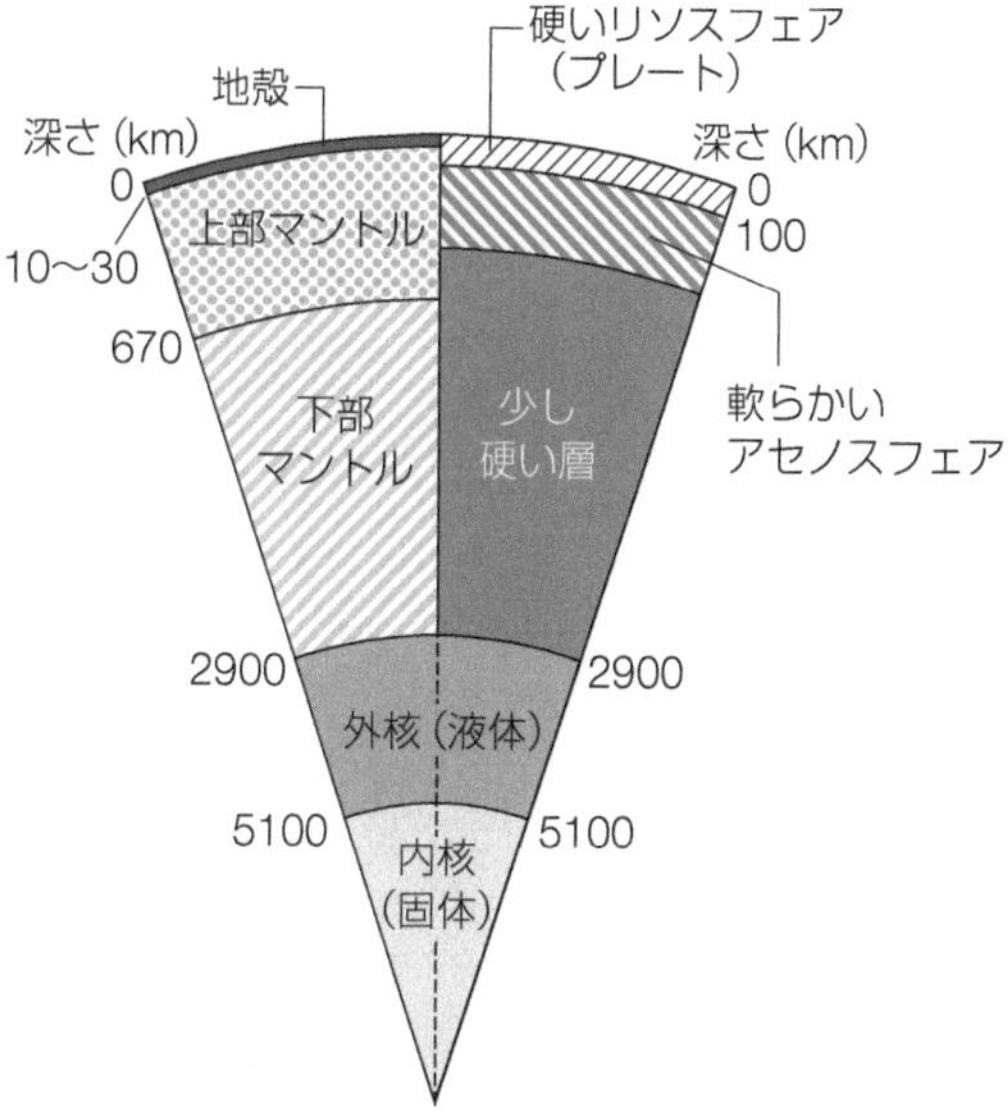

図1-8［**地球の構造**］地球を卵と見なせば、殻に相当するのが地殻、白身に相当するのがマントル、黄身は核。外核は液体で半熟のようである。岩石を物性によって区別したのがリソスフェアやアセノスフェア

一番大きな値です。この密度にかなり近い身近な鉱物が、磁気ネックレスやコンパスに使う磁鉄鉱です。磁鉄鉱は鉄と酸素からできていますが、地球全体をつくる元素の中で一番多いのも酸素と鉄なので、密度が近いのは当然のことかもしれません。

ところで、「地球」とはそもそもどこからどこまでを指すのでしょうか？

地球は、固体のいわゆる地球と、それを取り巻く同心円状の圏（スフェア）からなります（図1-8）。外側から順にいえば磁気圏、流体圏（対流圏、大気圏、水

圏、生物圏、人間圏)、固体圏ですが、大部分は固体圏でできています。そのため狭い意味で「地球」という場合は、固体圏からなる固体地球を指します。固体地球は岩石や鉱物からできています。その構造はちょうど半熟の卵のようになっていて、外側から地殻(卵の殻)、マントル(白身)、核(黄身)に分かれています。地表から約30㎞までが地殻、約2900㎞までがマントル、そして地球の中心までが核です。地殻には大陸地殻と海洋地殻があります。

固体地球がこのような構造であることがわかったのは、私たちが大嫌いな地震のおかげです。地球の構造を調べるには地表から地球の中心まで孔《あな》を掘ればいいはずですが、実際にはロシアのコラ半島にある世界一深いボーリング孔でも地表から約12㎞、地球の半径の500分の1ほどしか掘れていません。コストのことや、地球深部の高温・高圧という条件を考えると、地球の中心まで孔をあけることはとうてい不可能です。ところが、巨大地震の際に発生する地震波は、地球の内部を通過して反対側でも観測されます。波は通過する物質の密度が変わると反射したり屈折したりするので、地震波の進み方の変化を調べて、地球内部の密度構造が決められたのです。20世紀初めの頃でした。地球内部の密度が大きく変化する面を、発見者の名前にちなんでモホロビチッチ面(モホ面)とか、オルダム・グーテンベルク面と呼んでいます。

地震波によって、密度のほかに地下の物質の物性(物理的な性質)も調べられ、驚くべきことがわかりました。卵の黄身に相当する核は内核と外核とに分かれていて、外核はなんと液体だっ

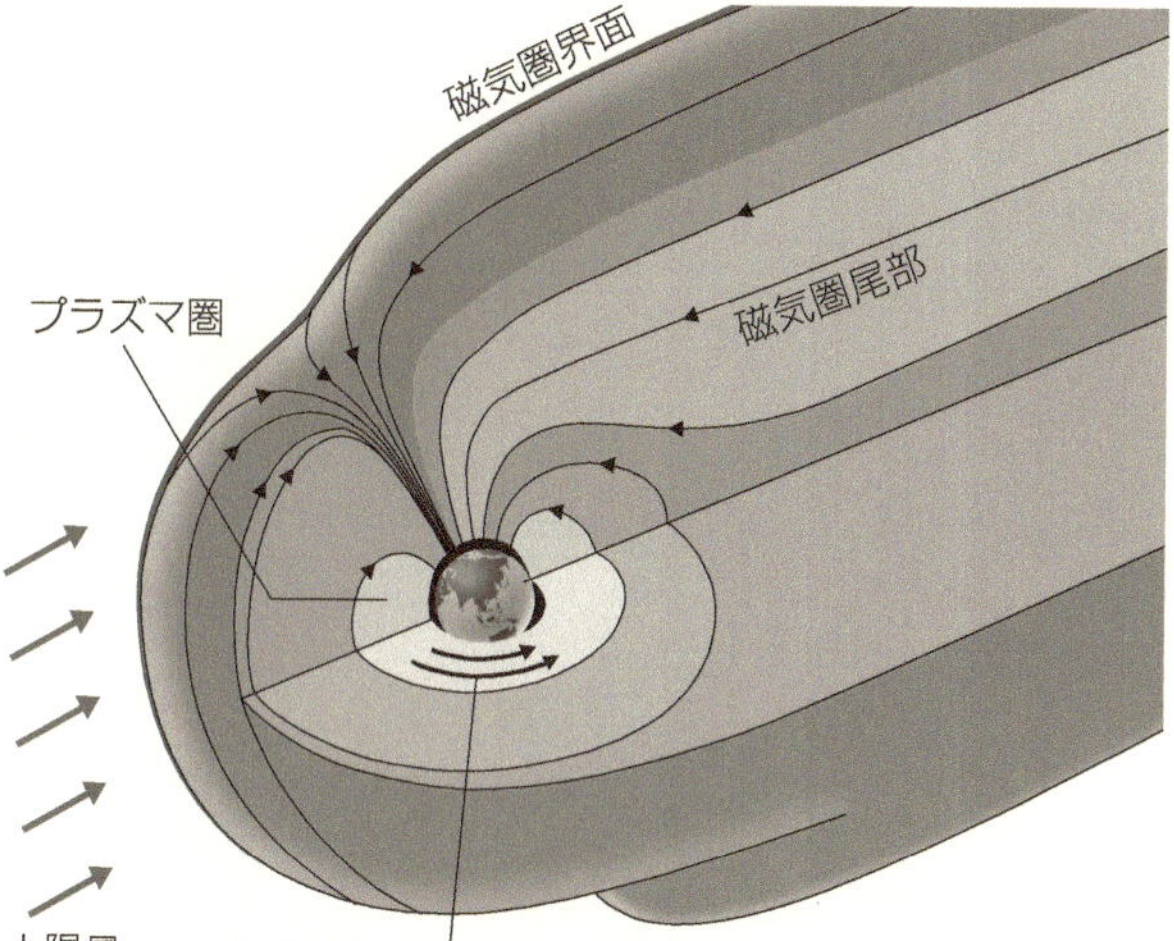

図1-9［**地球システム**］地球とは広義には磁気圏より内側をいう。それらはきれいな層構造をなしている

たのです。このことは地震波のP波とS波のうち、液体を通らないことが知られているS波が、外核を通らないことから決定されています。液体である外核が地球の自転によって回転することで、ダイナモ（発電機）のように電気と磁気を発生すると考えられています（ダイナモ理論）。外核は地球の磁場をになっているのです。

さらに内側の、地球の最中心部となる内核は固体です。こうして見ると地球は、外側から流体（水圏など）→固体（地殻やマントル）→流体（外核）→固体（内核）と、流体と固体が繰り返し重なった構造であることに気づきます。そして、これらの間で物質とエネルギーがやりとりされています。最近では、地球はそれを構成する多くのサブシステムからなる巨大な一つのシステムであるとする「地球システム」という考え方が定着しつつあります(図1-9)。

地球を宇宙空間から眺めれば、山はその固体部分の表面上にできた微々たる突起にすぎません。しかし、その突起ができるのも、のちに述べるように地球システムのダイナミックな作用にほかならないのです。

接近して見る視点

今度は、山にうんと接近してみます。山をつくっているのは岩石です。岩石にはさまざまな種類があり、岩石の違いは山の特徴を決定づける大きな要素となっています。

ここでひとつ、ぜひ覚えていただきたいのは、地球上でもっともありふれた(もっとも量が多い)岩石は、花崗《かこう》岩、玄武《げんぶ》岩、そしてかんらん岩だということです。

花崗岩は陸をつくっている岩石(大陸地殻)の代表で、玄武岩は海洋をつくっている岩石(海洋地殻)の代表です。そして、かんらん岩はマントルをつくっている岩石の代表なのです。

密度は花崗岩が2・7g/cc、玄武岩が3・0g/cc、かんらん岩が3・3g/ccです。密度の大きい順、すなわち重たい順に記せば、①かんらん岩、②玄武岩、③花崗岩となります。こうした違いは、岩石を組成する鉱物の比重、量比と鉱物のつくる組織などによって決まります。

地球は、重いものほど内部に沈み、軽いものが重いものの上に浮かんでいるような構造になっているのですが、そのことはこれらの岩石の分布からもわかります。もっとも重いかんらん岩はマントルとなって中心部に沈みます。次に重い玄武岩が、海底を形成しています。そしてもっとも軽い花崗岩が、大陸となっています。ヒプソグラフ曲線の紹介をしたときに「陸は低く、海は深い」と述べましたが、それはこのように、海と陸では形成する岩石の密度（重さ）が違うからなのです。

身のまわりでは、花崗岩はお墓や石垣のほか、さまざまな建築材料に使われている結晶（鉱物）の大きい岩石です。結晶には長石、石英、角閃《かくせん》石、雲母などがあります。玄武岩は伊豆大島や富士山の溶岩で知られるように黒っぽい岩石です。結晶にはかんらん石、輝石、そして長石があります。かんらん岩は、変質していないものはきれいな緑色をしています。それが変質してできたのが蛇紋岩で、こちらは黒っぽい緑色、あるいは薄緑色などをしていて、蛇のような模様が入っているように見えるのでこう呼ばれています。長瀞《ながとろ》（埼玉県）などの観光地では土産物として売られています。かんらん岩の結晶にはかんらん石、輝石、スピネルや柘榴《ざくろ》石があります。

これらの岩石は、本書でのちに述べるように山の形成に大きな役割を果たしていますので、ぜひその名前を記憶しておいてください。

一合目ではまず、山を理解するには地上からの視点、海からの視点、宇宙からの視点、そして接近して見る視点という4つの視点が必要であることを述べました。本書のテーマ「山はどうしてできるのか」も、この4つの視点から考えていくことになります。

二合目 山の高さとは何か

▲山の高さはどのように決められているか

最初に断っておきますが、この二合目では、本書のテーマから外れた話をします。一合目を登ったばかりなのになぜだと思われるでしょうが、早いうちに「山の高さ」とは何かについて考えておきたいからです。山とはいうまでもなく周囲よりも「高い」地形のことであり、私たちは当たり前のように山の「高さ」を口にしています。しかし、では「山の高さはどのように決められているか」と問われたら、あなたは答えられるでしょうか。周囲の平らな土地からの高さと考えるのが普通かもしれませんが、本当にそれでよいのでしょうか。

この章では「山の高さ」という概念の意外な複雑さをみなさんに知っていただき、さらに高さはどのようにして測られるのか、測量の基本的な方法も見ていきます。三合目からは本題に戻りますので、少しの間、おつきあいください。

結論からいえば、山の高さは、地球（固体地球）からの高さで決められています。しかし、地球は完全な球形ではありません。一合目のヒプソグラフ曲線の説明で述べたように、エベレスト山の8848mからチャレンジャー海淵《かいえん》の1万920mまで、複雑な凹凸があります。のこぎりの歯のようなものなので、どこに水準を合わせるかで山の高さはまちまちになってしまいます。話はそう簡単ではないのです。

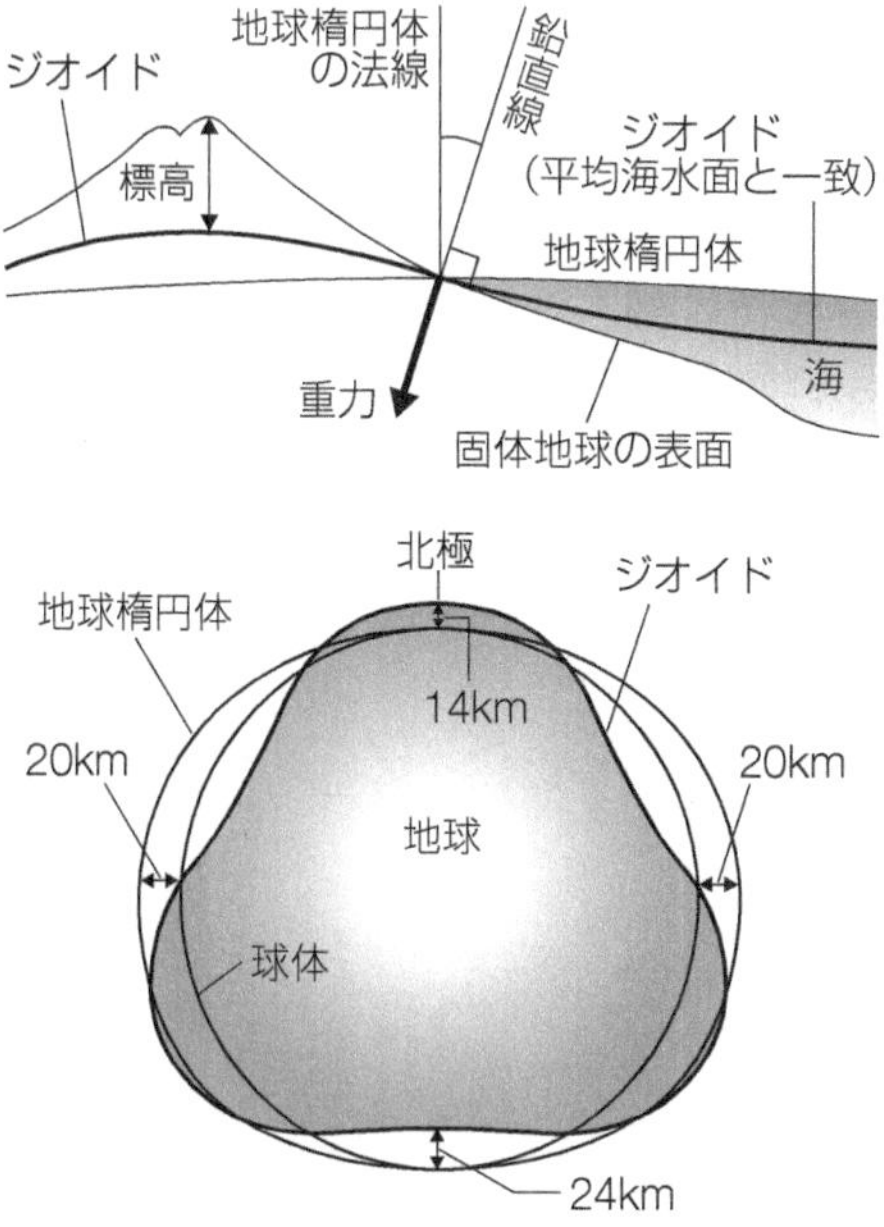

図2−1　ジオイド

ここで登場するのが「ジオイド」（Geoid）という少し難しい考え方です（図2－1）。「ジオ」とは「地球」のことで、大ざっぱにいえばジオイドとは「地球の理想的な形」といった意味の言葉です。厳密には「重力の等ポテンシャル面」という難解な概念になるのですが、みなさんはそこまで理解する必要はありません。実質的には、地球の海面の平均的な高さを陸地まで延長させて仮想的に完全な球形を考えれば、それを地球の平均的な高さとみなすことができるという考え方です。要するに、平均的な海面があればそれを地球の形として代用できるのです。つまり、山の高さとは平均的な海面からの高さということになります。

▲海中の山の高さはどのように決まるのか

　ここで疑問に思われた方もいるかもしれません。では海面の下にある山の高さはどのようにして決められているのか？　と。もっともな疑問です。

　海の中の山の場合は、ジオイドを基準にすることができません。したがって、山の高さは周辺の海底地形からの比高、相対的な高さという形でしか表現できないのです。

　海で一番高い山は、海面から上にまで達している島です。島はひょっこりひょうたん島のように浮いているのではなくて海底から隆起しているからです。なかでも火山島は、多くが水深5000mの深海から聳《そび》え立っていますので、海面すれすれに顔を出しているような小さな島でも、山として見ればその高さは5000mになるわけです。ハワイ島のマウナケアは標高4205mですが周辺の海底が約5000mなので約9000mの高さになることは準備運動の章で述べました。これが地球上では一番高い山になります。太平洋には少なくとも4000の海山があることが20世紀までに確認されています。その後の測量によってもっと増えているでしょうから、現在では1万近い海山があると考えられます。

　ただし、次に述べるように測量のしかたによっては、マウナケアも世界一の山ではなくなるのです。

地球の中心から測るとエベレストは31番目

　ここまで述べてきたジオイドによる決め方も、海底での高さの決め方も、結局のところ相対的に山の高さを決めているにすぎません。それでは厳密さに欠ける、絶対的な山の高さを決めることはできないものか、ということで考えられたのが、地球の中心からの高さを測るという方法です。山が陸にあろうが海にあろうが、周囲の地形がどうなっていようが、地球の中心から頂上までの距離を山の高さとしようという考え方です。この方法を採用すると、山の高さの番付はまったく違うものになります。

　ニュートンらが観測によって明らかにした地球の形は、実は球体ではなく、回転楕円《だえん》体という形をしています。赤道半径（東西の半径）と極半径（南北の半径）を比べると、赤道半径のほうが20㎞ほど長いのです。つまり、地球はほんの少しだけ横長の楕円体をしているわけです。

　したがって、地球の中心からの距離で山の高さを決めると、赤道に近い山ほど高くなります。この方法による世界最高峰は赤道直下、南米のエクアドルにあるチンボラソ山になります。標高は６３１０ｍですが、北緯28度のエベレストよりも地球の中心からの距離が２㎞以上も上回るため、世界一の高さになるのです。エベレストは31番目に成り下がり、世界で４７４番目とされている富士山は44番目に浮上します（表２－１）。

表2-1［地球の中心からの距離で決めた山の高さの比較］
南米のチンポラソ山が世界一になる

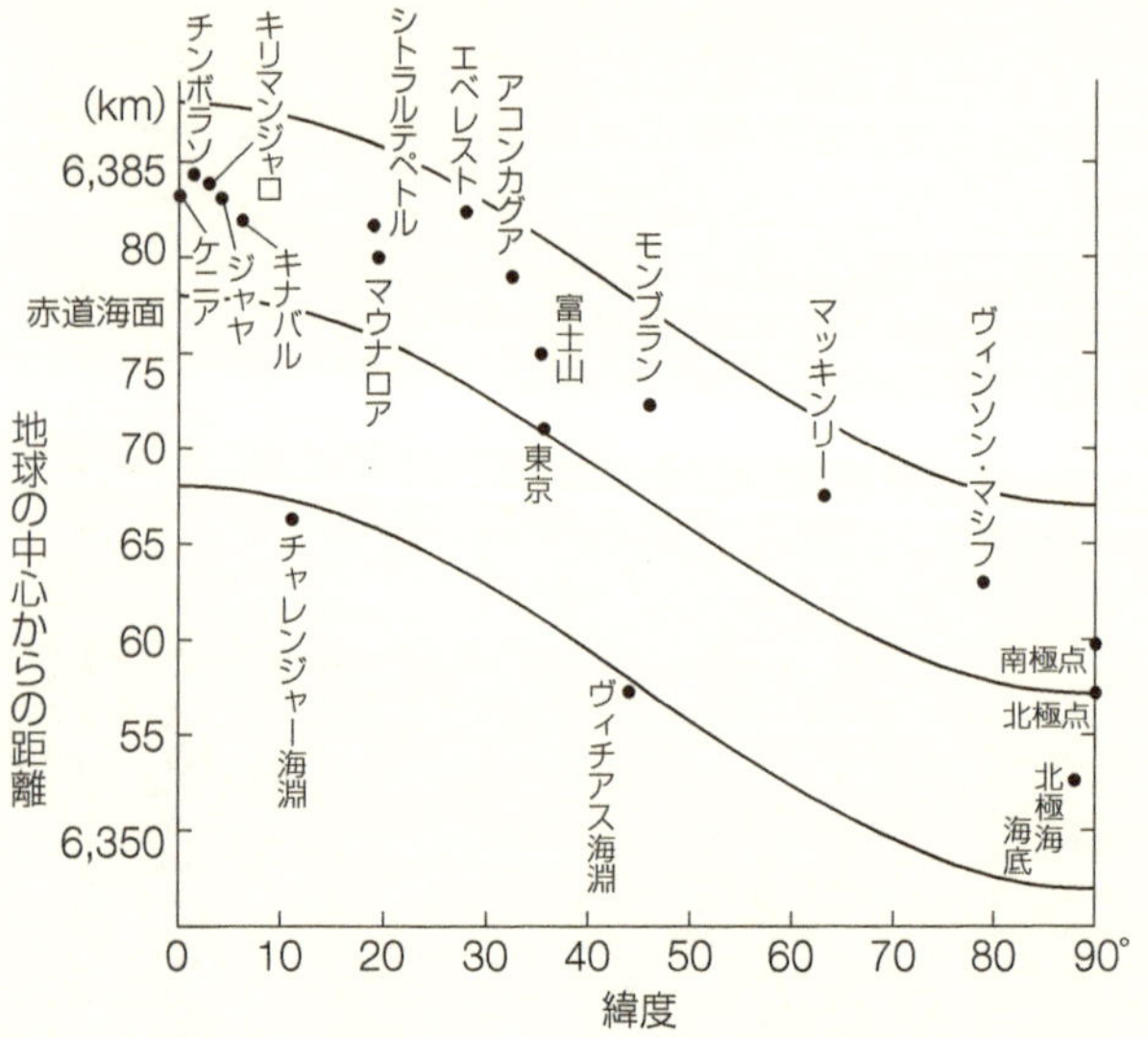

面白いというか奇妙なのは、海の底にあって深いはずの海溝が、ベスト50に入ってくることです。海溝は山ではありませんが大きな構造という意味で比較されていて、北半球のサンゴ礁のメッカであるパラオ海溝が、なんと49位にランクされるのです。

しかし、地球の中心からの高さというのは私たちの実感にはほど遠いため、この方法は支持されていません。

▲三角測量の原理

次に、山の高さはどのように測られているかを見ていきましょう。

すでに述べたように、陸上にある山の高さは海面を基準にして計測しています。日本の場合は「東京湾の平均海面からの高さ」と決められています。これは明治時代に陸軍測量部が数年間にわたって観測して決めたものです。海面は風や波、潮汐《ちょうせき》などによって時々刻々と変化するので、長期間にわたって繰り返し測量し、その平均を求める必要があります。最初は隅田川の河口にある霊岸島を基準原点としていましたが、河口では測量に何かと不便なので陸に置いたほうがいいということになり、三宅坂にある陸軍測量部の中に置かれました。ここが海抜24・5mになります（東日本大震災の影響で2011年10月21日に24・39mに改定）。日本の地形の高さは、この基準原点をもとに、次々と基準点をふやしていくことで測定されているのです。

1つの基準点が決まると、これをもとにした水準測量が始まります。基本的には高校で習う三角関数を使う三角測量という方法で求めていきます。その測量機器はトランシットと呼ばれ、水平角（平面における角度）と鉛直角（空間における角度）の両方を測ることができます。

基準点ではまず、その場所における水平を水準器で決めて、トランシットを用いて目標とする地点までの平面や空間での角度を精密に測ります。次に、その目標点までの水平距離を正確に測ります。こうして目標点が新たな基準点として定められます。このような測量を次々と繰り返し、日本全国を三角形のネットワークで埋め尽くしていくのです。

基準点は「三角点」といって、目印として四角い花崗岩が埋められています。三角点は高さによって一等三角点から四等三角点までの区分があります。全国に一等三角点が973個、二等三角点から四等三角点までは約10万点設置されています。これらの三角点は5万分の1地形図などに三角や点の記号で書き込まれています。なお、火山の噴火や地震による大きな地殻変動などが起こった場合は測定をやりなおします。

物理学者で随筆家の寺田寅彦《とらひこ》は、随筆『地図を眺めて』の「当世物は尽くし」で「安いもの」のひとつに5万分の1の地形図をあげています。コーヒー1杯の値段で手に入るのに、きわめて情報量が多いことからです（現在では地形図よりコーヒーのほうが高くつきますが）。確かに地形図には大変な量の情報が盛り込まれています。地形図1枚を十分に読みこなすことができれば、その場所の風景が目に浮かぶようになります。

▲剱岳からGPSへ

1枚の地形図には、測量の大変な苦労が刻まれています。伊豆半島の天城山の三角点を決めるのには、なんと70日もかかったそうです。新田次郎の小説『剱岳《つるぎだけ》』は、三角点の測量を舞台にした作品です。日露戦争の直後、剱岳で1つの三角点を決定するため、陸地測量部の測量官や測量隊がどれだけすさまじい努力をしたかという実話にもとづいています。険しい山での測量は、どんな天候や地形にも左右されるため困難をきわめます。1つの三角点から次の三角点までは、どんな険しい場所でも直線的に測量を行います。したがって悪天候のときは回復するまで待機しなければなりません。しかも測量は一人ではなく測量隊としてチームで行うため、総勢では相当な数になったようです。大人数が足場も定まらない場所で、正確を期すために何度も同じところを往復して測る苦労は、想像を絶するものがあります。

現在では山の高さを測るには、ＧＰＳ（Global Positioning System：全地球測位システム）と呼ばれる、アメリカが打ち上げた31基のＧＰＳ衛星を用いた三角測量がおこなわれています。この方法は、宇宙に上がっている衛星から直接、海面の高さと目標にしている山の頂上を観測できます。ＧＰＳ衛星はもともとは軍事目的で、約２万㎞の高度で地球を約12時間で一周し、対象とする国のくわしい地形や施設、道路網を調べることに使われていました。しかし、いまではカーナビや携帯での目的地の探索に利用されています。また、ＧＰＳは山の高さだけでなく、地震などでどのくらいの地殻変動が起こったのかも測定することができます。日本では阪神・淡路大震災後、全国にたくさんのＧＰＳが設置されました。山の高さを測る精度もこれによってますます高くなっていることでしょう。

▲海の中はどのように測るか

では、海の中では測量はどのようにしておこなわれているのでしょうか。海中では光は水深２

00mくらいまでしか通りません。水が光（電磁波）を通しにくいからです。したがって、光学的な方法は役に立ちません。

むかしは海中の測量は、以下のようにかなり原始的な方法が採られていました。船の上から先端に錘《おもり》をつけたロープを下ろします。錘が海底につくまではロープには張力が働いています。錘が海底に着くとロープが張力を失って軽くなるためにロープがたわみます。そのときの長さを覚えておきます。そしてロープを巻き取って船の上まで引き上げ、その長さを測るのです。

実際、「チャレンジャー号」の航海などではそのようにして海の深さを決めていました。そのため、5年にもわたる航海で水深を測った場所はたったの362点にすぎません。測量した最大水深は8190mでした。ロープを下ろす速度が1分間に約60mとすれば、これくらいの深度を測るのに2時間16分かかります。往復では4時間32分になります。このような方法で測っているかぎり、地球全体の海洋の深さを求めるには何百年もかかることは必定です。20世紀末に、金星の表面の地形が惑星探査機マゼランによってほぼ1年で大枠が測定されたことを思えば、まるで旧石器時代のようです。それでも当時作成された大西洋の海底地形図を見ると、真ん中にちゃんと中央海嶺《かいれい》があるように見えます。これは驚くべきことだと思います。

現在ではさすがにこのような方法は使われていません。深海では光を使えないので、代わりに音を使った測量法が確立されています。音の速さは空気中ではせいぜい330m／毎秒ですが、水中では1500m／毎秒と、約5倍の速さになります。さらに岩石の中ではもっと速く進みます。通る物質の密度が大きいほど、速く伝わるのです。

まず音源を持った船の船底から、海底に向けて音を出します。そして音が海底で反射して戻ってくるまでの時間を計ります。たとえば音を出してから1秒後に戻ってきたとすれば、その往復の距離は1500mです。したがって、海の深さはその半分の750mとなるわけです。これを繰り返し、連続的・面的に測定することで海底の地形図が作られるのです。

このように音波を使う測量技術は、もともとは別の用途で使われていました。第一次世界大戦中、米国はドイツの潜水艦Uボートにさんざん痛い目にあわされました。そこで莫大な賞金をかけてUボートのスクリュー音をキャッチできるシステムの開発を奨励し、採用されたのが音波を使った方法だったのです。GPS同様、最初は軍事目的だったわけです。

音は光と同様に、発射された点から円錐《えんすい》状に広がって伝わります。海底に発射された音も到達するときは広がって、音を受けとめて反射する部分の面積は大きくなります。当然、深さにもばらつきが生じ、その平均が水深となります。これはきわめて精度の悪い測定になります。音をできるだけ細く絞り、ほとんど1本の線のようにすることができれば測深の精度は上がりますが、それでは1本のロープで測るのと同じように効率は低下します。そこで、細く絞った音の線（ビーム）をいくつも、たとえば100本用意して一斉に発射することができれば、100点の測量がいっぺんにできることになります。このようにたくさんの音を細く絞った束をマルチナロービームと呼び、現在では船底にこれを搭載して海底を測量しています。これなら一度にかなり広いエリアを高い精度で測ることができるわけです。

二合目では少し寄り道をして「山の高さ」について考えましたが、こうして見ると陸上の山は「ジオイド」という難しい概念を用いて高さを決めようとしているかと思えば、海中の山は単純に周囲の地形との比高で決めていて、意外に「山の高さ」とは一筋縄ではいかないもの、言い換えれば曖昧なところがある尺度だということがおわかりいただけたかと思います。だからといってこの先の議論に影響があるわけではありませんが、そういうものであるということだけ覚えていてください。では、本題に戻りましょう。

三合目 論争の夜明け

個々の山ができた背景には、個々の理由が存在します。しかし、山を「山脈」という大きな集合体として見ると、その成因には統一的な理論があるはずだと昔から考えられてきました。この三合目から五合目にかけての道のりでは、近代地質学が誕生した頃の山に対する考え方をレビューしてみます。

三合目では山（山脈）がどうしてできたかについて、かつてどのような理論が考えられ、どのような論争を経てどのように変化してきたかをたどっていきます。

▲最初の人類が見た山

人類が地球上に出現したときから、山は謎の多い魅力的なものだったと思われます。人類が誕生した約６００万年前（最近では７００万年前という説もあります）のアフリカでは、きわめて活発な火山活動、それも東アフリカの大地を引き裂くような大規模な活動が起こっていました。その圧倒的な光景は、人類の心象風景の原点になっているのではないでしょうか。

人類はその後、５万年前頃にはアフリカを出て、ヨーロッパからアジア、そしてベーリング海峡を越えてアメリカ大陸、中米を経て南アメリカ南端のフェゴ島にまで達します。「グレートジャーニー」と呼ばれる大移動です。この間、氷河期の大きな気候変動を経験しながら、やがて定住して農耕社会を形成し、都市を作り、文明が形成されていきます。

その間、地球環境は大規模に変動していました。たとえばインドネシアの北にある現在の大陸棚スンダランドは、2万年前頃には海面が現在よりも100ｍも低かったため広大な陸地になっていました。ところが、およそ6000年前に気候が温暖になり、氷が溶《と》けはじめたため海面が高くなります。したがってそこに定住した民族は土地を放棄して太平洋の島々への移住を余儀なくされ、海洋民族へと転換していきます。この「グレートマイグレーション」ともいうべき大移動の間に、人類はさまざまな山脈を目の当たりにし、あるいはそれらを越えて、新しい大地をめざしたのでしょう。

やがて世界に四大文明が勃興《ぼっこう》します。それらはすべて大きな河川の河口に発達したことはよく知られています。ナイル川のエジプト文明、チグリス・ユーフラテス川のメソポタミア文明、そして黄河文明、インダス文明。いずれも河川の豊饒《ほうじょう》な恵みを享受する一方で、氾濫《はんらん》との対決によって土木技術や学問がめざましく発達したことが高度な文明につながりました。

しかし、この四大文明にはもうひとつ共通点があります。いずれも北半球の北緯30度近辺に位置しているのです。くわしくは述べませんが、これはヒマラヤ山脈という巨大な存在が、これらの土地の気候・風土を農耕に適したものにしたからではないかと考えられています。山脈は文明の形成にも影響を与えてきたようです。

水成論から火成論、そして斉一説へ

古代ギリシャには科学としての天文学、気象学、地質学などの博物学的な学問が芽生えました。エラトステネスは地球の大きさを計算によって求めました。アリストテレスはさまざまな自然現象を観察して、それらを解釈しました。たとえば、雨は海水が蒸発して天から戻ってきたものであるとすでに考えていました。17世紀頃に至るまで、彼の考えたことは正しいことも間違ったことも、ほとんどすべてが科学の世界に大きな影響を与えてきました。これは驚くべきことです。しかし、そのアリストテレスがなぜか山については考察を残していないようです。

近代的な科学が発達してきた18世紀頃になってからも、地球に関する考え方は聖書にもとづく、あるいは聖書に記載されている現象と矛盾しない考え方をすることが多かったようです。なかでも「ノアの洪水」は、科学者に大きな足かせを与えていました。過去の生物の遺骸《いがい》である化石は、ノアの洪水で死んだ生物のものであるとか、天変地異こそが地質学の本質的なプロセスであるという考え方から脱しきれなかったのです。

しかし18世紀も後半になり、多少なりとも近代的な地質学が発達すると、地球上の岩石のでき方について、水からできたとする「水成論」と、火からできたとする「火成論」という考え方が現れます。

ドイツのフライベルク鉱山学校は当時、地質学に関しては世界でもっとも進んだ大学でした。ここで教鞭をとっていたウェルナーは、地球上の岩石は、堆積《たいせき》岩も花崗《かこう》岩もすべて、海の中に沈殿してできた水成岩であるとする「水成論」という考えを提唱していました。この頃は化学の世界で、いくつかの物質が水溶液から沈殿物（鉱物）の結晶として取り出せることがわかっていたのです。ところがイギリスのジェームス・ハットンが、水成論に対抗して「火成論」を打ち出しました。彼は、水成岩も存在はするけれども、玄武岩や花崗岩は火成岩であると主張しました。地下の深いところには「マグマ」というものがあって、これが冷えてできる岩石が火成岩であるという考え方です（これは現在では実際に確認されていて、まったく正しい認識でした）。

両者は互いに相手の主張を認めず、「水成論」と「火成論」をめぐる彼らの論争は長く続きました。しかし、山の形成に関する議論はまったくありませんでした。

18世紀の終わり頃から19世紀にかけて、イギリスのチャールズ・ライエルは「斉一《せいいつ》説」(Uniformitarianism）を唱えました。この考えは、最初は「火成論」のハットンによって提唱され、ライエルがこれを引き継いだのです。

斉一説とは「現在は過去の鍵である（The present is the key to the past)」という考え方です。つまり、地球上の自然現象は現在も過去も、同じように起こってきたとする考えです。そう考えると、地球ができたのはアイルランドのアッシャー司教が聖書の記述をもとに算出した紀元前4004年などという最近のことではなく、もっともっと古い時代であるとしています。そして、「天変地異」という考え方を否定したのです。当時、フランスの古生物学者であったキュビエらは、化石は天変地異によって死滅した生物の死骸であると考えていて、カタストロフィズム（天変地異説）という考え方を強く打ち立てていました。これに対し、ライエルたちの斉一説をもう少し正確にいえば、地殻変動を起こしているような物理学的なプロセスは、現在も過去も同じであり、過去に起こった大きな地殻変動も天変地異などではなく、現在と同じ物理学的な法則に支配されていたと考えるのです。

そして、この斉一説にもとづけば、山もあるとき天変地異によって突然できたのではなく、気の遠くなるような時間の集積によってつくられるという考え方に至るのです。

ダーウィンの地質学

ライエルの考え方は、「ビーグル号」で航海中の若きチャールズ・ダーウィン（図3－1）に大きな影響を与えました。彼の先生であったヘンズローは「この考え方は大変おもしろいが変わっているので注意して読むように」といって、ライエルが書いた『地質学原理』の第1巻を航海前のダーウィンに渡したといいます。そして航海中に南米に着いたときには、第2巻を受け取っています。ダーウィンは船酔いに苦しみながらも、それらをむさぼるように読んだのでしょう。

図3−1　ダーウィン

実はダーウィン自身、その生涯に地質学に関する本を3冊書いています。ダーウィンは生物学者じゃないのか？　と思われるでしょうが、彼は若い頃には博物学を修めていました。逆に『種の起源』や『人類の起源』が生まれたのは、彼に地質学あるいは博物学に関する深い造詣《ぞうけい》があったからで、それがなければこれらの著作、というより進化論という考え方そのものが生まれてこなかったと思われます。

ダーウィンが書いた最初の地質学の本は『サンゴ礁の構造と分布』でした。2冊目は「火山島の地質学的な観察」の話で、「ビーグル号」で訪れたガラパゴス島を中心にケープ・ベルデ島やアセンション島の火山の形態や地形、火山岩の記載をしています。最後は「南米の地質」についての本です。これは現在でも十分に価値のある内容です。

ダーウィンは地質学に関する知識はライエルから学びましたが、南米の地形や自然に関しては、一合目で紹介した『コスモス』を執筆した博物学者フンボルトの影響を受けています。彼にとって、「ビーグル号」で航海中の1835年2月20日、チリのバルディビアで大地震に遭遇したことは大きな経験でした。イギリスというまったく地震のない国で生まれ育った彼にとっては、この地震は未曾有の衝撃だったと思われます。『ビーグル号航海記』には、チリのコンセプシオンで大津波によって破壊された船や家を目の当たりにしたことや、南米の山々で海岸が隆起した跡を観察したことなど、彼の震災体験が鮮明に描かれています。彼は当然、南米の大地の隆起は、地震によって地面が上昇したためであることに気づいていたでしょう（なおダーウィンが被災した2年後の1837年にはバルディビアでまたしても地震が起き、発生した大津波がなんと三陸海岸にも届いています）。

ダーウィンの話はやや余談ですが、当時、台頭していた「斉一説」が、地質学においても生物学においても、長い時間軸の上で対象の変化（進化）を見るという視点を与えたことを紹介する意味で記しました。

▲山は水平運動によってできた――地球収縮説

「水成論」「火成論」「斉一説」はごく初期の地質学の原理に関する話で、とくに山や山脈がどうしてできるかに言及したものではありませんでした。しかし19世紀も終わりに近づいてようやく、山がどのようにしてできたかについての地質学的な議論が始まります。

オーストリアのウィーン大学教授で地質学者エドアルト・ジュースは、19世紀の終わりから20世紀のはじめにかけて「山脈は地球の表面の収縮によってできる」という考えを提唱しました。

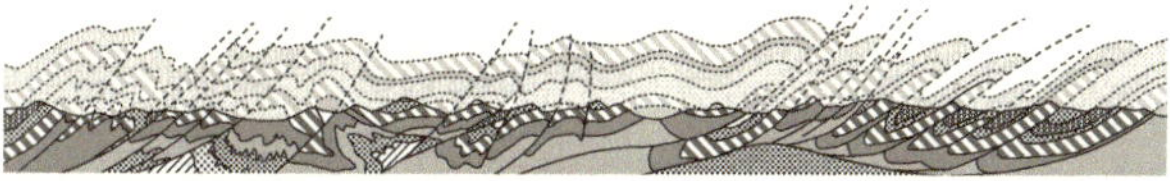

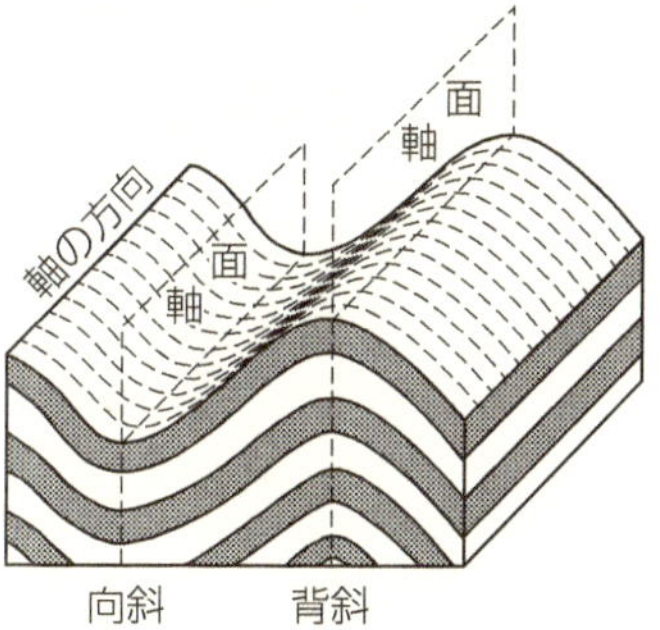

図3－2［アルプスの褶曲構造（上）とそのモデル（下）］
上の図の点線で示した部分は実線で示した構造の延長で、実際には風化や浸食のため存在しない

「地球収縮説」と呼ばれる考え方です。

ジュースの考えは、地球の収縮によって起こる横方向の圧力こそが、山脈を形成する造山運動の原動力であるというものでした。その理論の出所は、おもにアルプス山脈の地質調査によるものでした。アルプスには褶曲《しゅうきょく》構造（図3－2）がたくさん見られ、なかには地層がひっくり返った「ナップ」と呼ばれる構造もつくられています。ジュースは1885年から1909年にかけて『地球の相貌《そうぼう》』という世界中の地質に関する全3巻、4冊からなる大著を書き上げ、その中でアルプスの地質構造が形成されたのは、地球の表面の地層が収縮したためであると述べています。地球はできた当初はともかく、その後は次第に収縮していて、その結果、盛り上がったところが山であり、収縮によってもっとも沈降したところが海であるとしています。そして、山脈は収縮による横圧によってできると述べています。実際、アルプスの

地層が褶曲によって折りたたまれるには、水平方向への相当大きな（40㎞にも及ぶ）短縮が必要でした。ジュースは調査でそれを実際に観察していたので、のちに登場する、垂直運動が原因であるとする地向斜造山運動論には納得できなかったのです。

ジュースの地球収縮説は、あとで述べるプレートによる堆積物の短縮という考えに近い部分もあります。なによりも、山脈の生成に関する統一的な考え方を初めて示したという点で画期的でした。しかし、やがて地球収縮説は否定されることになります。地球は収縮する一方ではなく、熱源を持った熱機関であることがわかったのです。1895年にレントゲンがX線を、1896年にベクレルがウランの放射能を、さらに1898年にはキュリー夫人が放射能をもつ元素、ポロニウムなどを次々に発見し、放射線に関する研究が飛躍的に進んだからです。そのため、地球は放射性元素の壊変による熱で温められていることがわかり、地球は冷却によって収縮しているという考え方は過去のものとなったのです。

さらに、放射性元素の壊変から地球の年代が求められ、地球はそれまで考えられていたよりははるかに古いことがわかって、造山運動に対する考え方も変えなくてはならなくなります。地球の年代を決めたのは、のちに述べるマントル対流説を提案したアーサー・ホームズでした。

▲山は垂直運動によってできた――地向斜造山運動論

19世紀後半に近代的な地球科学ができてから、「山はどうしてできるのか」という大問題は、アメリカでは「地向斜造山運動論」という考えで説明されるようになりました。これは、地球上で起こる運動は垂直運動が主で、それによって山ができるとする考え方です。

それ以前は、地質学や鉱物学などの研究の中心はヨーロッパにあり、造山運動の研究は主としてアルプス山脈を例にとって考えられてきました。しかし19世紀の後半にアメリカ合衆国地質調査所の所長だったジェームズ・ホールは、アメリカ北部からカナダにかけて連なるアパラチア山脈では、山脈に近づくにつれて、同じ時代の地層の厚さが増すことに注目します。そして、厚い堆積物がたまる場所として「地向斜」(Geosyncline) という概念を導入し、地向斜造山運動論という考え方を提唱するのです。

この理論によれば、大陸周辺の海底にはずっと沈降を続けている細長い場所（地向斜）があり、そこに陸からの厚い堆積物がたまっていくと、やがてその厚さは1万mにも達します。次に、そこにマグマの貫入などが起こって、いままで沈降していた場所が隆起に転じます。堆積物は隆起にともなって褶曲し、変形作用や変成作用を受け、隆起した部分が山脈になるというのです。これが古典的な地向斜造山運動論でした。山ができるのは地球が水平方向に収縮するからであるとする地球収縮説に対して、この理論は堆積物がたまった場所（地向斜）が沈降し、上昇するという上下運動、すなわち鉛直方向の運動に山の成因を求めるものでした。そして、その原動力は地球の重力（とそれにともなう浮力）であると考えました。重力が大きければ地球の中心へ引っ張られるし、小さくなれば逆に中心から離れるからです。

地向斜造山運動論はその後、デーナが改良し、ドイツのハンス・シュティレは、さまざまな年代測定の結果を集めて造山運動の「時階」というものを設定しました。これは山や山脈をつくる造山運動はのべつまくなしに起こるのではなく、ある時期に集中するという考えです。それまでは、地球上の大きな造山運動としては古生代のカレドニア造山、中生代のバリスカン造山、新生代のアルプス造山の3つが考えられていましたが、それらを含めてもっと古い時代にまで、造山運動が起きた時期を適用するものでした。

▲地向斜の4つの段階

地向斜造山運動論では、地向斜を人の一生になぞらえると、4つの時期があると考えられていました。それぞれ①幼年期②青年期、③壮年期、④老年期で、山が高くなっていく時期は青年期から壮年期に相当するとしています。図3-3には、幼年期から壮年期までを示しています。

①まず幼年期では、地殻変動が終わって安定した大陸の縁に、周りよりも沈んだ沈降地帯ができていきます。その原因については説明されていません。この沈降帯は細長く伸びたもので、ここに陸から運ばれた堆積物がどんどんたまっていきます。これが地向斜です。「向斜」とは地面

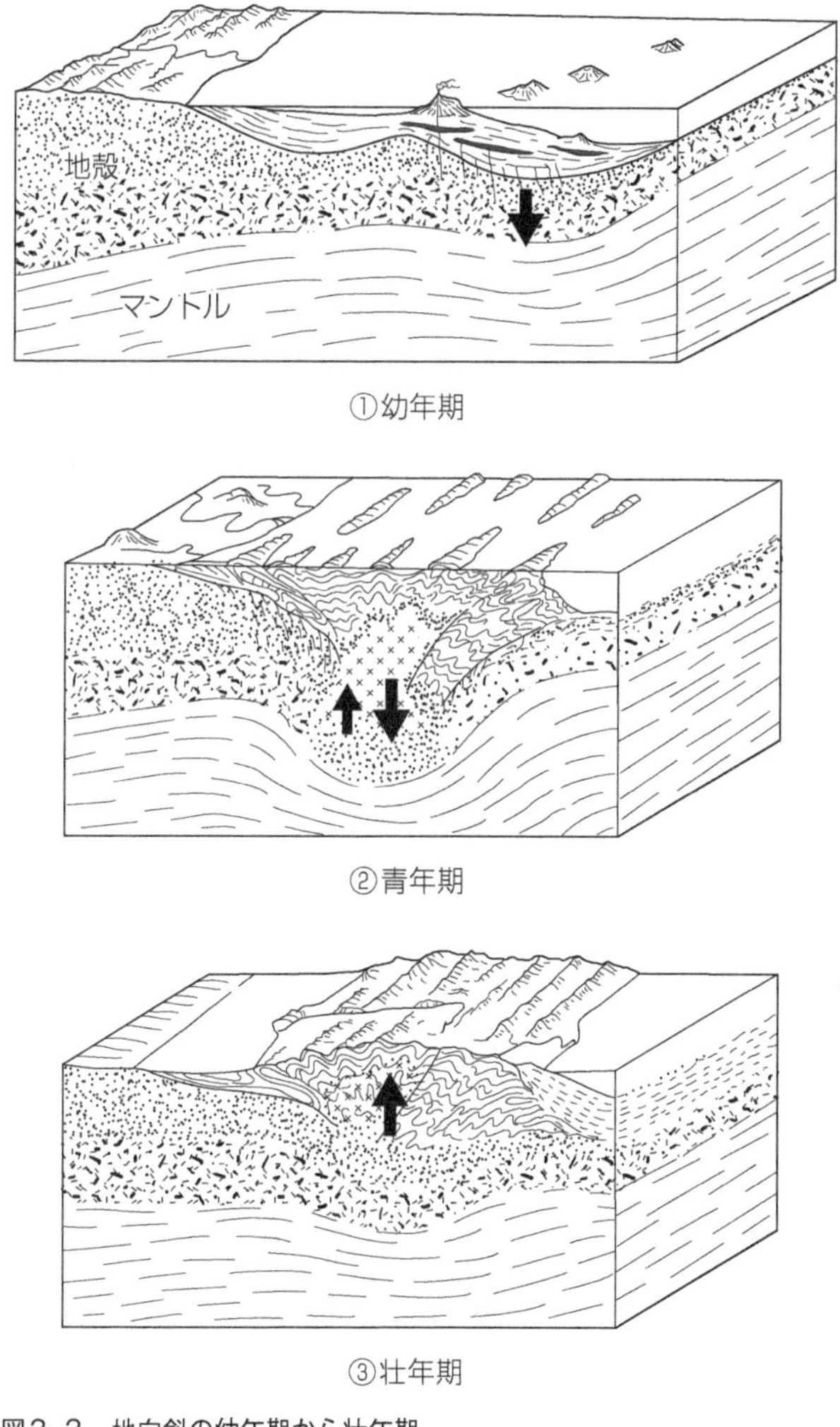

図3-3　地向斜の幼年期から壮年期

が下の方向へたわんで、お椀《わん》のような構造をしたものです。逆に上にたわんだ、お椀を逆さにしたような形をした構造は「背斜」と呼ばれています。もっと大きいものは地向斜・地背斜と呼んでいます。

地向斜はさらに深くなり、どんどん陸からの堆積物がそこにたまっていきます。最大1万mにも達するといわれています。きわめて厚くなった堆積物の底はマントルにまで達し、堆積物はその厚さゆえに圧密によって変形したり、褶曲したり、温度の上昇によってマグマの貫入を受けたり、変成作用を受けたりするとしています。つまり、堆積物はたまったままの状態ではなくて、山をつくる硬い石になるプロセスが地下で起こっているというのです。この幼年期は「地向斜期」とも呼ばれています。

②青年期では、地向斜にたまった堆積物が温度の上昇によって変成し、堆積物が熱で溶けたりして、花崗岩が形成されるとしています。そして、厚い堆積物はやがて沈降から隆起へと転じます。もっとも沈降していた地向斜の中央部の隆起がもっとも激しく、山や山脈が形成されていくとしています。この時期は「造山期」とも呼ばれています。

③壮年期には造山帯中軸部は全体として隆起し、山はますます高くそびえます。しかし、一方で風化や浸食が始まります。これは「後造山期」と呼ばれる時期の前期に相当します。そして、最後には後造山期後期である④老年期へと移行し、隆起してできた山は風化や浸食によって削剝

されて、平坦になっていきます。

これが地向斜造山運動論によって描かれる山の一生です。そしてこの考えは、実際にアパラチア山脈での観察事実と調和しているところもあります。

アメリカで生まれた、垂直方向の変動によって山脈ができるとするこの地向斜造山運動論は、ジュースがアルプスを見て着想した、山脈は水平方向の収縮でできるとする地球収縮説と真っ向から対立するものでした。両者の論争は、やがて地球は冷えていないので収縮しないことがわかって地球収縮説が否定され、幕を閉じます。その後は地向斜造山運動論こそが山の成因を説明できる理論であるとする時代が長きにわたって続きました。のちの１９１０年代に、一人のドイツ人が革命的な新説を打ち立ててからも、半世紀近くもその地位は揺るぎませんでした。日本でも１９７０年代になってもこの考えを引きずっている研究者がいたのを覚えています。

この三合目では、誕生まもない頃の近代地質学が山の成因についてどう考えたか、２つの説を紹介しました。非常に面白いのは、地球の水平方向の運動によって山ができるとする考えがヨーロッパから、そして鉛直方向の運動によってできるとする考えがアメリカから生まれたことです。ジュースはアルプス山脈の褶曲構造を見て、地球収縮説を提唱しました。そしてホールはアパラチア山脈の地層や堆積物を見て、地向斜造山運動を発想しました。つまり、どの山を見るかによって、水平か鉛直か、結論は90度変わってしまうのです。このことは、山を考えるうえで偏りなくさまざまな山を「見る」ことがいかに重要かを物語っています。いや、イギリス人のダーウィンが地質学に目覚め、南米の地形や自然に触発されて進化論を生んだように、あらゆる自然科学は現象を「見る」ことから理解が始まります。その意味で一合目で紹介した、あらゆる土地を訪ね、見て歩いたフンボルトの姿勢は、科学者そのものであったといえるでしょう。フンボルトはとりわけ植物地理学や人類学に貢献していることから、彼を「地理学の開祖」と考えている人が多いようですが、私は彼こそは「近代科学の生みの親」であると思っています。

四合目　大陸は移動する

▲ウェーゲナーの革命的発想

いまからおよそ100年前、1910年のある日のことでした。ドイツの若い気象学者アルフレッド・ウェーゲナー（図4－1）は世界地図を眺めていて、南米の東海岸とアフリカの西海岸の海岸線が酷似していることに気づき、驚きました。まるでハサミで切り離したかのように、両岸を合わせればぴったりつながる形をしているのです。

この2つの大陸は、もともとは1つだったのではないか？　そう考えたウェーゲナーは推論を進め、やがて、地質時代（人類が誕生する以前の地球史→20ページ参照）に1つの大陸が分裂して、年間数cmの速度で移動を続け、それぞれ現在の位置にきたのではないかという仮説を導き出しました。

似たようなことは、実はもっと古くに哲学者のベーコンや地球科学者のデュトワなども思いついていたようです。私たち日本人が見慣れた世界地図は、真ん中に太平洋があって、その左側に日本列島と中国を含むユーラシア大陸があり、右側には広大な太平洋が広がっているのが普通です。南半球では上下さかさまの地図もあります。しかし、ヨーロッパの人たちが見慣れている地形図は、真ん中に大西洋があるのです（図4－2）。この地形図ならば、左側の南米東海岸の海岸線と右側のアフリカの海岸線とがぴったり合わさることにはすぐ気がつきます。実際に世界地

図4−1　ウェーゲナー

図をコピーして、南米の海岸線を切り取ってアフリカ西側のコンゴあたりの海岸線と合わせてみれば、ほとんどぴったり合うことがわかります。

しかしウェーゲナーはそのことに気づいただけではありませんでした。2つの大陸がもとは1つであったことを示すさまざまな証拠を探し出し、さらにはすべての大陸がもとは1つであったという考えに至り、超大陸「パンゲア」を想定します（図4－3）。そしてパンゲアがいまから2億5000万年ほど前に分裂を開始し、いくつかの大陸に分かれて、それらの大陸が現在の位置へと移動してきたのであるという結論を出したのです。

ウェーゲナーはこの革命的ともいえる仮説を1910年に着想して1912年に学会で発表し、1915年には『大陸と海洋の起源』（Origin of continent and ocean）という著書にまとめて世に問いました。ウェーゲナーが30歳から32歳のときのことでした。

これが、やがて「山ができる理由」についても画期的な答えをもたらすことになる「大陸移動説」です。

図4-2　大西洋中心の世界地図

▲生物は横断歩道橋を渡ったのか

いったいウェーゲナーは何を根拠に、このように大胆な説を確立したのでしょうか。

当時、おもに化石生物を扱う古生物学の分野では、化石から見た生物の分布や進化について以下のような考え方が展開されていました。たとえばトカゲなどの海を渡れない生物が、アフリカと北米である時代までまったく同じ進化の道をたどり、それ以降はまったく独自の進化を遂げるということがあります。この不思議な事実を当時の古生物学者たちは、2つの大陸の間を結ぶ「陸橋」(land bridge)の存在と消滅というモデルで説明していました。陸橋とは2つの大陸をつなぐ狭くて長い横断歩道橋のようなもので、生物はここを通って行き来したために同じような進化の道をたどったというのです。ところがある日、突然この陸橋がなくなったため、生物は大陸を行き来できなくなり、それぞれの大陸に固有の

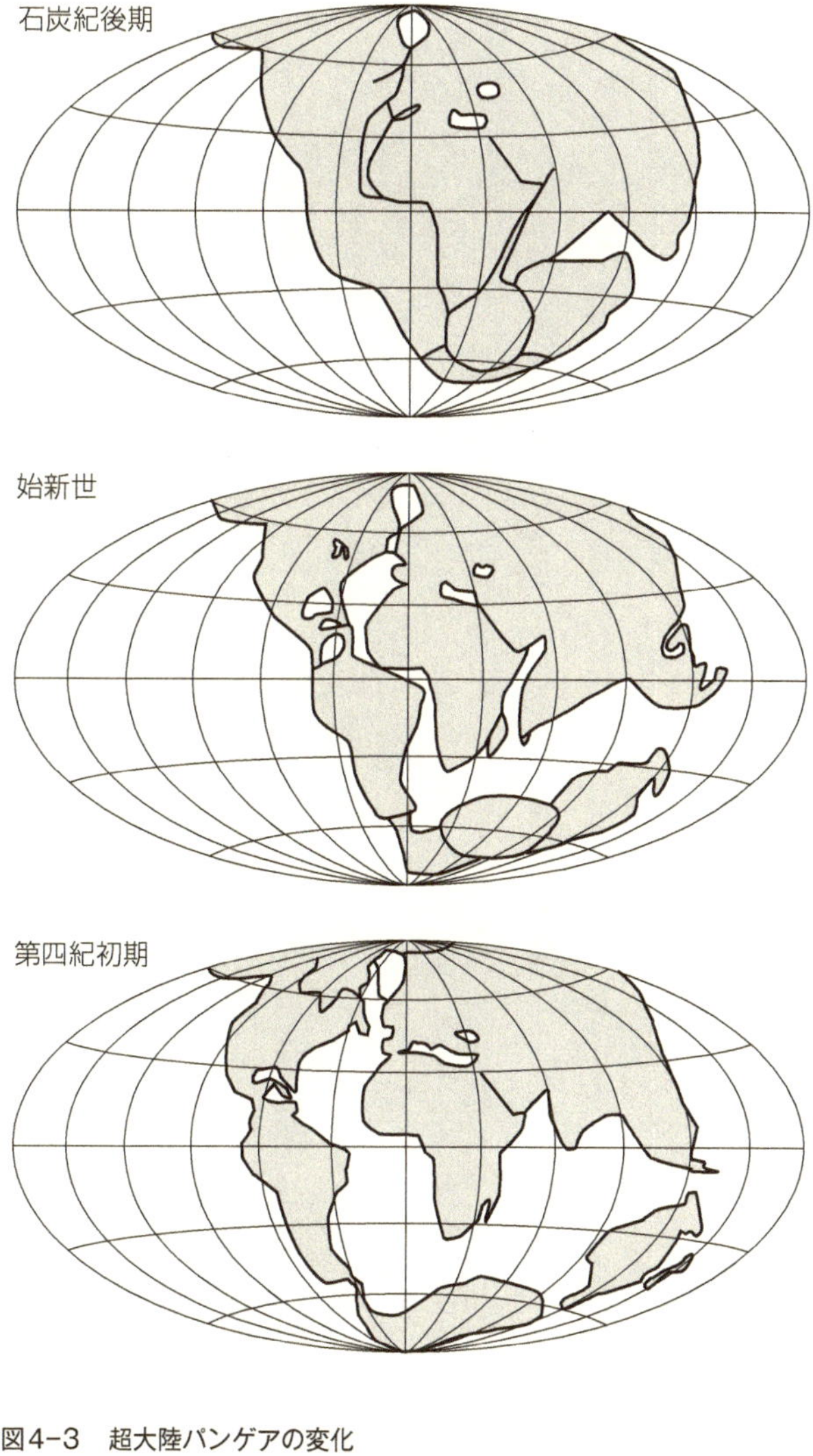

図4-3　超大陸パンゲアの変化

進化の道を歩むことになったという考え方です。

しかしウェーゲナーは、この仮説はきわめて不自然であると考えました。なぜならば、まずある生物群に対してある時代に2つの大陸を結ぶ陸橋があったとして、それ以外の大陸の間はどうするのでしょうか。たとえばキツネザルなどの化石は南極、アフリカ、マダガスカルなどにまたがって分布しています。この生物のために、それぞれの大陸をつなぐ陸橋を考えねばならず、さらにはこの橋が壊れなければなりません。生物ごとに、また時代ごとに陸橋を設けては壊さなくてはならず、忙しいことです。また、陸橋が海面に出ているなら大陸的な地殻を持っているはずなのに、それがそう簡単に沈んでしまうものでしょうか。

ウェーゲナーは古生物学者たちにこのように反論を展開し、自身の唱える大陸移動説ならばこの事実を説明できると主張したのです。

ウェーゲナーは自説を証明するため、さまざまな現象を調べました。なかでも重要だったのは、植物の化石や氷河などから古い時代の気候を検討したことでした。そこから大陸移動説の有力な証拠と考えられる事実を発見するのです。

▲氷河の痕跡は何を語る

古生代後半の石炭紀（いまから3億6700万年前から2億8900万年前まで）には、地球上のかなりの部分が氷河で覆われた時期がありました。氷河は底が少し溶けると、山岳地域からゆっくりと斜面をすべり下り、やがて海へと至ります。その途中では、周辺の岩石や氷河の底の岩石を削剥《さくはく》して、氷河自身の内部に取り込みながら移動します。さらに氷河が溶けると、取り込まれた岩石はもはや移動できなくなり、そこに「モレーン」（氷堆石《たいせき》）と呼ばれる岩石の丘を形成します。古い時代のモレーンと、氷河が削った痕である削痕《さっこん》から、氷河の分布と移動方向がわかるのです。

このような研究はウェーゲナーより100年ほど前に活躍したアガシーらによって積極的に進められていました。すると意外なことに、氷河の痕跡は高緯度のアフリカや南極だけでなく、なんとインドなどの緯度の低い場所にも出現することがわかったのです。すると氷河は（現在の地形図でいえば）赤道の北にも南にも分散していたことになり、当時の等温線は赤道に関係なく分布していたのではないかという疑問が湧いてきます。もちろん現在の地球は地形を考慮しなければ、等温線はほぼ赤道に平行に分布しています。石炭紀にも、等温線が赤道とは無関係に分布するようなことは考えられないのです。

はたしてウェーゲナーは、氷河堆積物のあった大陸を南極の周辺に集めてつなぎ合わせてやると、この現象をうまく説明できることに気づきます（図4－4）。ときは20世紀前半、当時のドイツはナチが勢力を伸ばしていて、世界中から文献や論文が集まっていました。それらを片端か

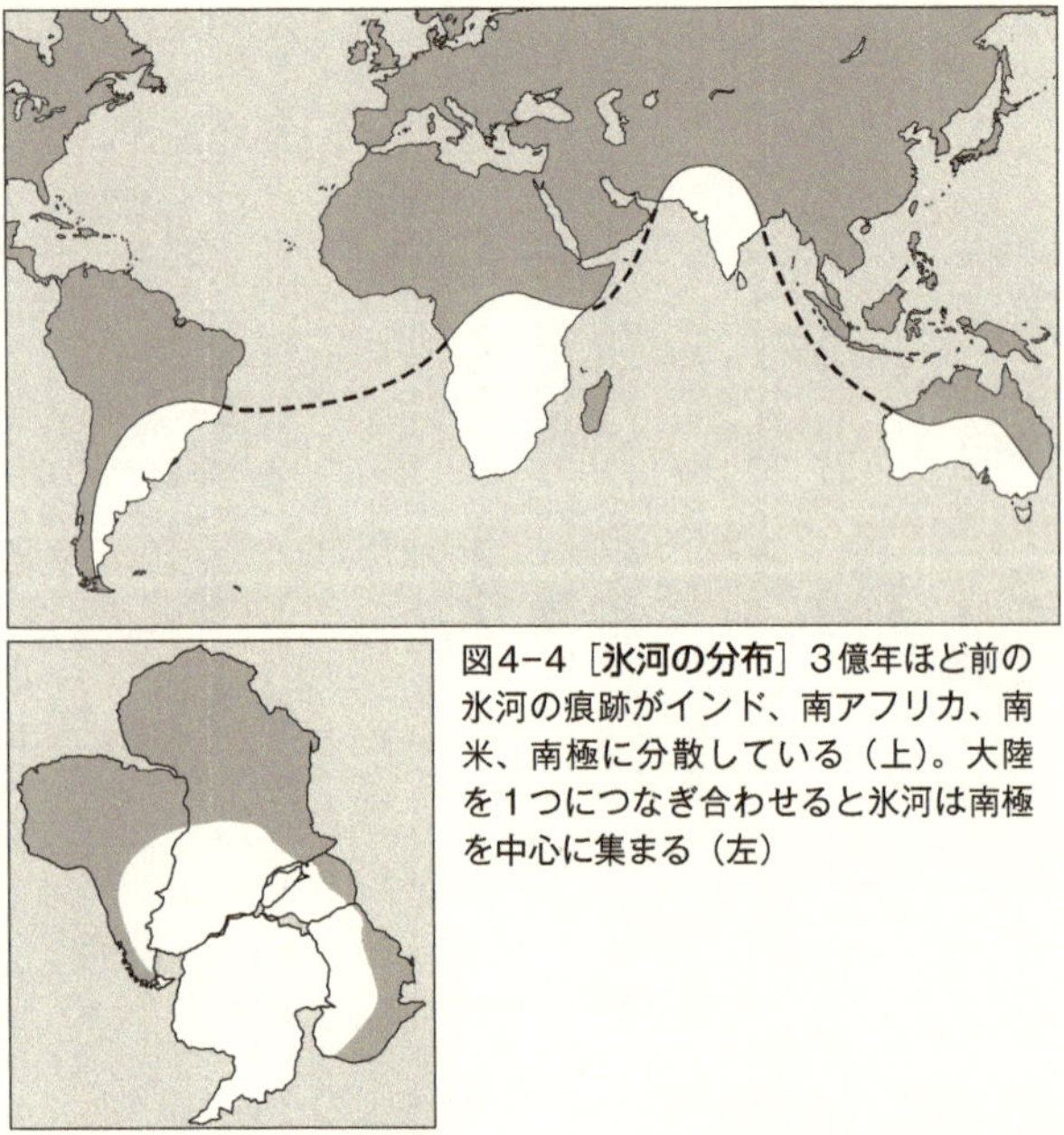

図4-4［氷河の分布］３億年ほど前の氷河の痕跡がインド、南アフリカ、南米、南極に分散している（上）。大陸を１つにつなぎ合わせると氷河は南極を中心に集まる（左）

ら読んで地質構造や気候、生物の分布を調べ上げたウェーゲナーは、砂漠や熱帯を示すさまざまな化石の分布も、現在の大陸の配置では説明ができず、大陸を動かしてやることによって合理的に説明できることを発見します。ウェーゲナーはこうした論証の積み重ねをもとに、大陸移動説を提唱したのです。

▲大陸移動説の敗北

当時の地球物理学では、山の成因にもかかわる大地の運動については、ホールが提唱した地向斜造山運動論が定説となっていました。三合目で紹介した、大地は鉛直方向に運動しているという考え方です。しかし大陸移動説は、大地の運動する方向を垂直から水平へと、コペルニクス的な大転換を迫るものでした。

このあまりにも大胆な考えに対して、地球物理学の大御所たちはこぞって否定的見解を示します。最大の問題は、大陸を動かす力がいったい何なのかをウェーゲナーが明瞭に説明できなかったことでした。１９２９年に米国地球物理学連合が米国のタルサで開かれましたが、このとき彼は大陸移動の原動力に関して説明を求められ、苦しい言い訳に終始しました。そして翌年の１９３０年、大陸移動説の証拠を求めて5度目のグリーンランド調査に出かけたウェーゲナーは、心臓発作に見舞われ、帰らぬ人となってしまうのです。その日はちょうど彼の50歳の誕生日でした。

こうして主《あるじ》を失った大陸移動説は、その遺志を継ぐ弟子にも恵まれず、誰にも支持されないまま人々の記憶から忘れ去られてしまったのです。奇想天外で魅力的な考え方とは、多くがそういう運命をたどるものなのでしょう。

▲ホームズのマントル対流説

イギリスの地球物理学者アーサー・ホームズは、地球の年齢を放射年代測定法で調べ、地球がそれまで考えられていたより20億年以上も古いことを示した功績でよく知られています。そのホームズがあげたもうひとつの大きな成果が、地球内部でマントル対流が起きている可能性を指摘したことでした。

現在では地球の核の外側を包むマントルは、深さ約670㎞までの上部マントルと、そこから深さ約2900㎞までの下部マントルに分けられることがわかっています。ホームズの頃には正確な深さまではわかっていませんでしたが、彼は、この上部マントルが対流を起こして流動しているのではないかと考えました。マントルは固体からできていますが、温度が高いために液体のように対流が起きているのではないかというわけです（図4－5）。

マントル対流と聞くと、私は寺田寅彦の二つの随筆を思い出します。『茶わんの湯』は茶碗に注いだお湯を観察していると、その中央から湧き出した温度の高い上昇流が茶碗の中で対流をつくるという話です。また『鳶《とんび》』によれば、トビは地上にいる獲物の匂いを、上昇気流を利用して嗅《か》いでいるそうです。これも空気の対流があるからです。ホームズは気体や流体の対流と同じように、固体も長い時間をかけて対流を起こす場合があると考えたのです。

そして、このマントル対流説をもとにホームズは、ある着想に至ります。マントルが対流し、流動しているのなら、その動きに乗って大陸も動いているのではないか、と。

彼が1944年に世に出した有名な地球科学の教科書『一般地質学』（Principles of physical geology）には、マントルが対流する可能性が示され、さらにはウェーゲナーの大陸移動説が紹

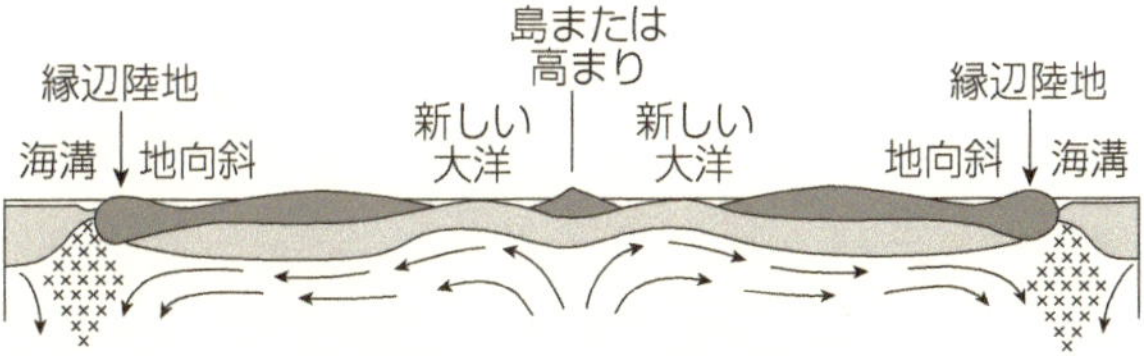

図4-5［マントル対流説］マントルの中では温度差によって対流が起きていて、それに乗って大陸が移動する可能性があることをホームズが提案した

介されています。時すでに遅く、大陸移動説は学界から姿を消していました。しかし、この教科書は地球物理を学ぶイギリスの学生たちに広く読み継がれ、のちの大陸移動説の復活に大きな役割を果たしたのです。

地磁気が突きつけた難問

一方で１９００年代になると、地球物理学では地球の磁気の研究が活発になってきます。地球は磁北極と磁南極という２つの磁極からなる双極子磁場を持っています。これは地理的な極である北極・南極とは異なるものです。

地球の磁場は、外核に存在するニッケルと鉄の合金からなる流体が地球の自転に伴って回転し、電気と磁気を発生させるダイナモによって生じると考えられていることは、一合目でも少し述べました。しかし、地球の磁場は一定の周期で変動し、磁北極は時間とともに移動しているのです。また数十万年から数百万年の単位で、磁北極と磁南極が入れ替わっていることもわかってきました。地磁気の逆転です。京都大学の地球物理学者であった松山基範《もとのり》は、兵庫県玄武洞の玄武岩の地磁気が、現在の磁場とまったく逆さまであることを初めて見出《みいだ》しました。この研究はのちに「松山逆転期」として提案され、確立されました。地磁気の担い手は磁鉄鉱という鉱物です。

通常、玄武岩質のマグマはおよそ1000℃の温度を持っています。これが冷えて玄武岩ができていく過程で、かんらん石や輝石などの鉱物がそれぞれの融点より温度が下がると、結晶として次々と晶出します。マグマの温度が573℃くらいにまで下がると、マグマから磁鉄鉱が結晶として形成されます。磁鉄鉱は結晶になるときにその時点での地球の磁場を記憶する性質があります。具体的には磁場の方向と強さです。このことを応用すると、玄武岩や安山岩などの火山岩の絶対年代と磁気的性質を組み合わせた解析から、地質時代の磁北極の位置がわかるのです。

このような性質を利用して、さまざまな時代の磁北極が決められてきました。それによれば、地球の磁北極は地質時代とともに移動してきたことがわかったのです。これを「極移動」(Polar Wandering) と呼んでいます。それぞれの時代の磁北極の位置が決まると、それはある1つの軌跡を描きます。これが極移動の軌跡です。

ところが、ここで難問が持ち上がりました。ヨーロッパの研究者がヨーロッパの岩石を用いて測定した極移動の軌跡は、1つのきれいな曲線を描きます。アメリカの研究者がアメリカの試料を用いて研究した極移動の軌跡も、1本のきれいな曲線として求められました。しかし、これら

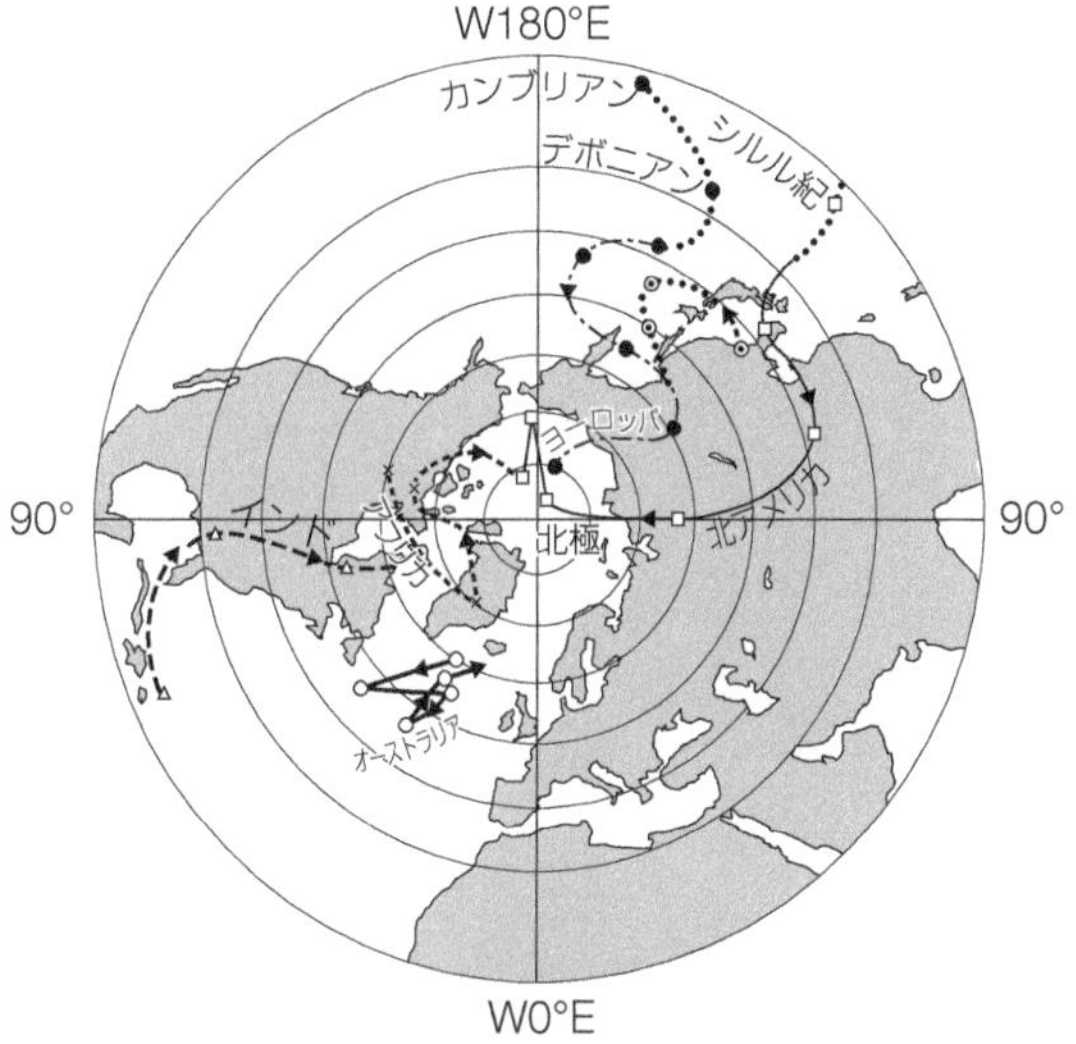

図4－6［**極移動の軌跡**］地球の磁極は刻々と移動している。その軌跡はヨーロッパとアメリカで別々の曲線を描くが、超大陸を想定すると一致する

2つの移動の曲線はまったく異なった軌跡を持つことがわかりました。じつは、大陸ごとに異なった極移動の軌跡が求められたのです（図4－6）。磁北極は地球に唯一なのでその移動の軌跡も一つしかないはずなのに、これはいったいどういうことなのか？　地磁気の研究者たちは頭を痛めました。

やがてこの難問は、意外なところから解決の糸口が見出されました。かつてウェーゲナーという研究者が唱えた大陸移動という考え方を採り入れて、彼が想定した超大陸の通りに現在の大陸をジグソーパズルのようにはめ合わせてみると、これらの曲線はぴったりと、一つの軌跡に一致することがわかったのです。

地球の磁極が地質時代から一対の磁場だけを持つ双極子磁場で変わりないのならば、このように大陸の移動を考えないかぎり、北極の移動軌跡の不一致という観測事実を説明することはできません。

▲デカン高原での復活

もうひとつ、地磁気の話をします。実は火山岩は、それが形成されたときの場所（緯度）を記憶しています。インドのデカン高原はジュラ紀以降のおびただしい枚数の玄武岩溶岩でできていて、台地状の地形を形成しています。この地での磁場を年代ごとに研究していたイギリスの研究者たちは、次のようなことを明らかにしました。

・古い時代の玄武岩は、形成された場所の緯度が北ではなく南であったことを示している。
・そして年代とともに、玄武岩の示す緯度は南から北へ向かっている。

岩の記憶は、かつてその岩が現在のデカン高原とは緯度がまったく異なる南半球で生まれたことを物語っていたのです。そして、そのあとに生まれた岩が記憶する場所は、なぜか次々と北へ向かっている――。この奇妙な事実は地球が双極子磁場であるかぎり、やはり大陸の移動を考えなければ説明することはできません。

実はデカン高原に赴いたイギリスの研究者たちはアーサー・ホームズの教科書を読んでいて、

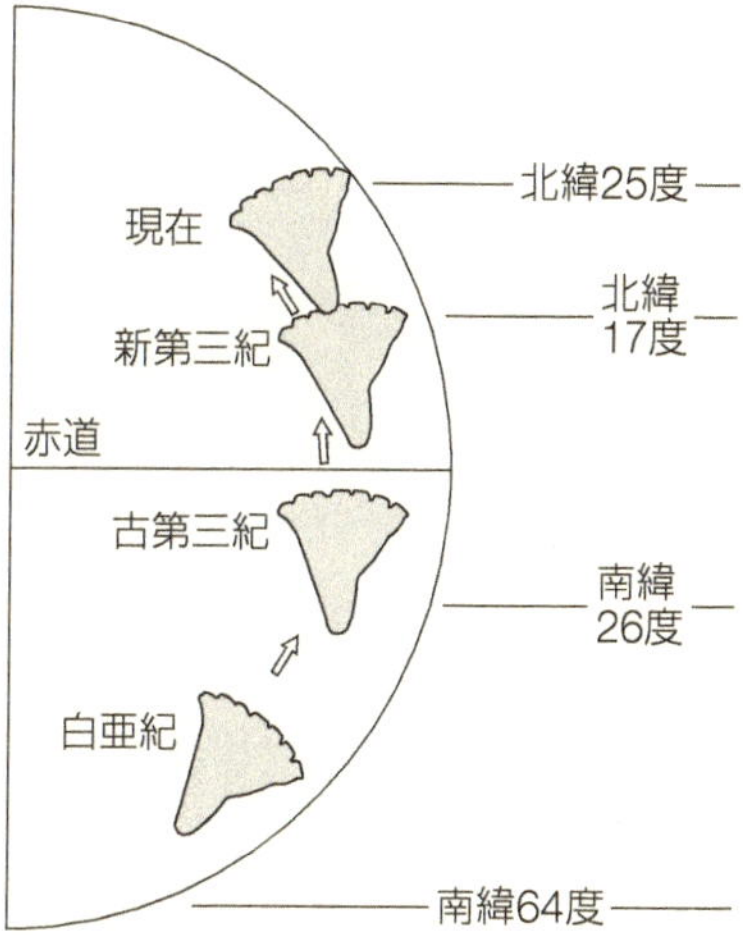

図4−7［インドの北上］デカン高原の玄武岩の古地磁気研究からインドが年代とともに北上したことがわかった

ホームズのマントル対流理論と、それが示唆する大陸移動の可能性についても理解していたのです。彼らはこの調査結果から、インドが古い時代には南半球の南極に近い緯度にあり、時間とともに北上して現在の位置にたどりついたことは明らかであるという結論を出しました（図4－7）。それはきわめて合理的で、大陸移動説の実証として申し分のない説得力を持つものでした。

グリーンランドに死して20年、ウェーゲナーが生涯をその証明に捧げた大陸移動説は、地磁気の研究者たちによってここに劇的な復活を遂げたのです。ウェーゲナー万歳！

▲海洋底拡大説

１９５０年代は地磁気の研究が活発になったのと同時に、海洋底の研究が盛んにおこなわれた時代でもありました。とくに大西洋中央海嶺はアメリカやイギリス、フランスから近いので、地

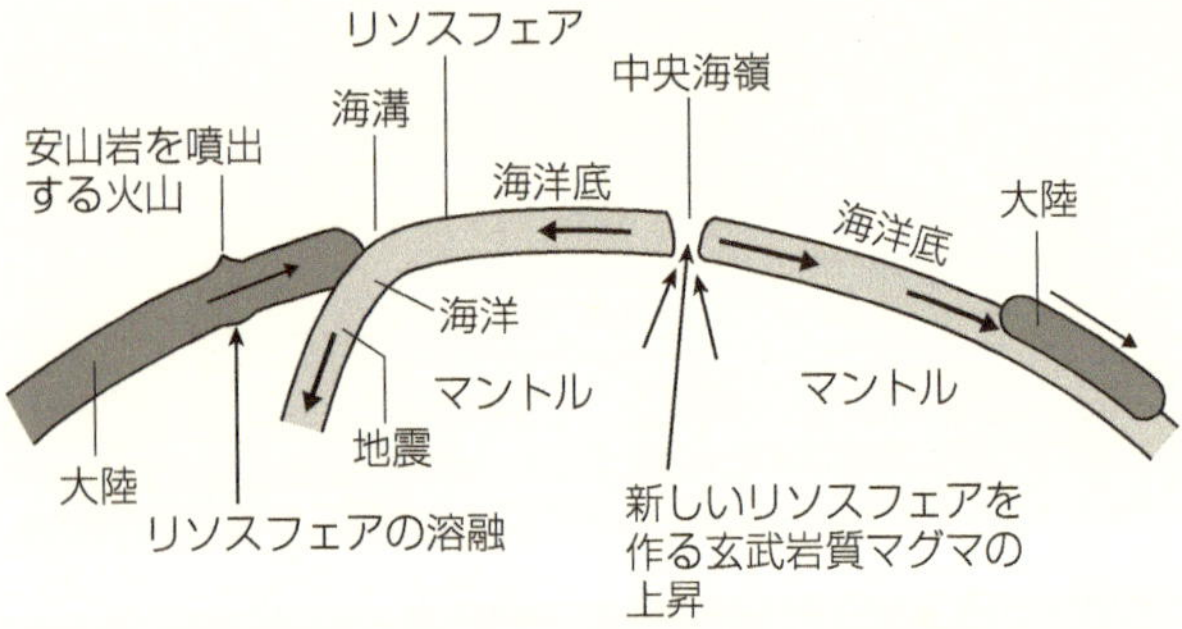

図4-8［**海洋底拡大説**］海洋底は海嶺で形成されて移動し、海溝で消滅するという考え

球物理的な計測が頻繁に繰り返されました。それらには海底に電線を敷設するための基礎的な観測というニーズもありました。

大西洋の海底地形や地磁気、堆積物の厚さ、地殻熱流量などの観測から、それらの値が大西洋中央海嶺の軸部に対称に分布することがわかってきました。この観測結果をもとに、1961年から翌年にかけてアメリカのヘスやディーツらが提唱したのが「海洋底はつねに拡大している」とする考え方です。海洋底は拡大し、移動して、やがて消滅するという説で、これを「海洋底拡大説」と呼びます（図4-8）。

この説にもとづけば、大陸は海洋底の移動に乗って一緒に移動することになります。海洋底拡大説はウェーゲナーが説明できなかった大陸が移動する原動力を、海洋から説明する重要な考え方といえます。

▲大西洋に潜ってみる

ここで私たちも調査船に乗って、アメリカ東海岸からヨーロッパへと大西洋を横断し、海洋底の地形を眺めてみましょう。

目の前にはまず、水深２００ｍより浅い大陸棚が広がります。しかし、やがて下り斜面が表れ、急激に水深が大きくなります。大陸斜面あるいはコンチネンタルライズと呼ばれる急峻《きゅうしゅん》な斜面です。ここで水深は一挙に５０００ｍにも達します。この急斜面を下りきると、深海平原と呼ばれるきわめて平坦な地形が大きく広がっています。ここには陸から運ばれてきた堆積物が厚くたまって、地形を平坦にしているのです。

広大な深海平原を過ぎると地形は再び、徐々に上りに変わります。長く続く斜面を上りきったところは、大西洋でもっとも高く盛り上がった、もっとも水深の浅い場所です。これが大西洋の真ん中にある海底山脈、大西洋中央海嶺です。山頂の水深は３７００ｍくらいで、この深さは太平洋にある中央海嶺・東太平洋海膨《かいぼう》より１０００ｍほど深くなっています。

大西洋中央海嶺の一番真ん中は、水深の深い凹んだ地形をしています。これを中軸谷と呼んでいます。中軸谷の幅は大きなところでは10㎞以上あって、その両側は何段ものステップになって一段と高くなっています。

中軸谷を越えると、また地形は下りになります。そして、これまで見てきた地形がビデオを逆回しにするように深海平原、平坦面、陸棚斜面の順に現れてヨーロッパに至り、大西洋海底の旅

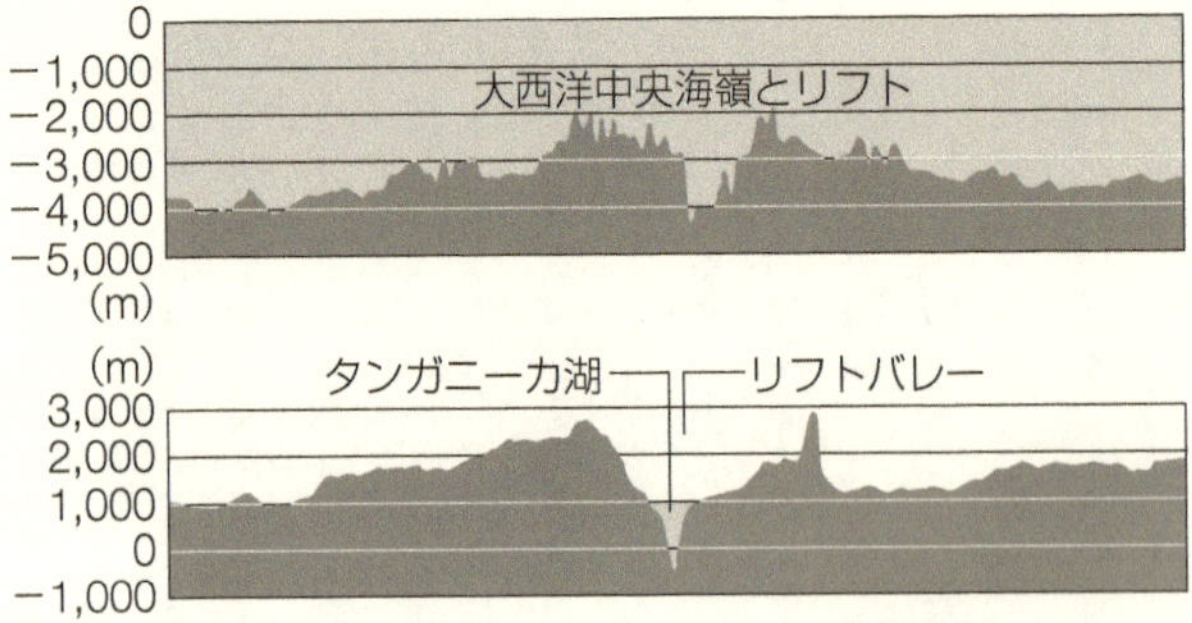

図4−9　海嶺の対称的な地形（上）と東アフリカの大地溝帯（下）

は終わりとなります。

こうして眺めてみると、大西洋を横断する地形の断面は、その形がほぼ左右対称になっていることがわかります。そして真ん中の凹地である中軸谷は、リフト（大地を引き裂くという意味）と呼ばれる深い谷のようになっています。リフトは陸上では東アフリカの大地溝帯（リフトゾーン）に見られる地形です（図4－9）。アメリカのラモント地球科学研究所のヒーゼンたちは東アフリカの陸上の地形と大西洋中央海嶺のそれを比較して、大西洋中央海嶺は東アフリカと同じように地殻は引っ張られて裂けていると推定しました。

大西洋のような対称的な地形断面は、実はほかにもインド洋や太平洋など、どの大洋にもあることがその後の観測でわかってきました。準備運動の章で述べた、海はおしなべて真ん中が浅く、海の縁になるほど深くなっている理由もここにあるのです。

一番高い大洋中央海嶺の頂上から両側に広がる地形断面は、

ある曲線に近い形で下がっていることがわかります。アメリカのシュレーターという人は、この地形断面を海嶺からの距離、あるいは海底のできた年代の関数として表せないだろうかと考えました。結果、大西洋中央海嶺はきれいな曲線で表現することができました。

「対称性」の意味するもの

海底地形の対称性が明らかになるのと並行して、磁気的な性質も調査された結果、面白いことがわかりました。海嶺の軸部からその両側へと地磁気の性質を観測していくと、海嶺の軸部では現在と同じ正の磁場が続きますが、あるところからは突然、現在の磁場とは逆の磁場が広がっています。さらに進むと、今度はまた正の磁場、そして次にはまた逆の磁場と、正と逆の地磁気が繰り返し現れるのです。それらの分布は海嶺の軸に平行で、まるで地磁気の縞《しま》模様のようです。これはイギリスの若い研究者ヴァインとマシューズによって明らかにされました。なぜこのようなことになるのでしょうか。

海嶺の地下にはマグマがあります。これが地表へ出てきて、冷えて固まることで新しい海底がつくられます。このマグマは玄武岩質で、冷えて結晶化するときには磁鉄鉱が形成され、前に述べたようにそのときの地球の磁場を記憶します。海嶺から遠ざかったところにある玄武岩は、かつて海嶺で噴出した玄武岩であり、そのときの磁場は現在とは逆だったのです。これは前に述べ

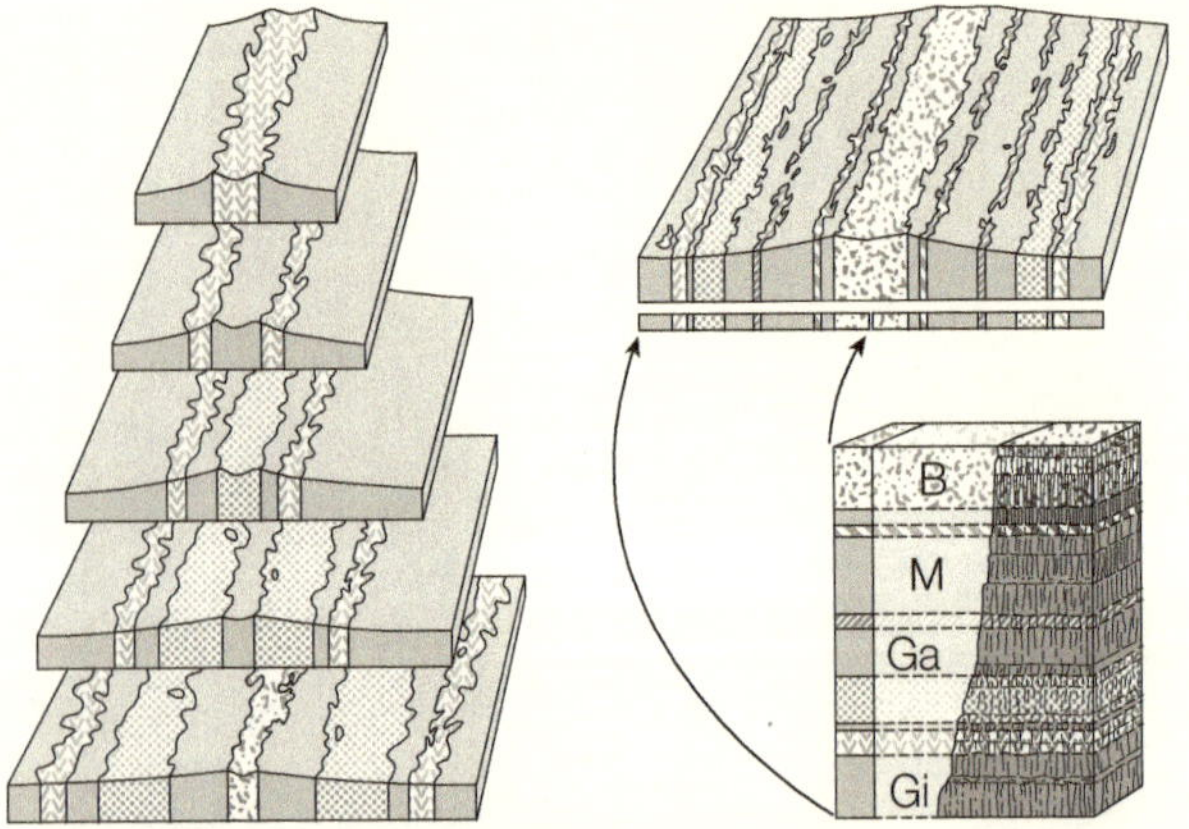

図4–10［**地磁気の逆転と地磁気縞状異常生成のテープレコーダーモデル**］B＝ブルンヌ正磁極、M＝松山逆磁極、Ga＝ガウス正磁極、Gi＝ギルバート逆磁極

たように、磁石としての地球のN極とS極とが平均すると数十万年ごとに反転しているためです。それより海嶺から離れた部分の玄武岩ができたときは正の磁場の磁気、さらに遠くのものはまた逆の磁気、というように、玄武岩は海嶺で噴出したときの磁場を次々と記憶しながら海嶺から離れていくため、このような地磁気の縞模様ができるのだと説明されています。海嶺は地球の磁場を記憶しながら移動していくテープレコーダーであると考えられるのです（図4－10）。

また、地殻熱流量というパラメーターの計測でも意外なことがわかりました。地下深部から海底に向けてたえず放出されている熱の量のことを地殻熱流量と呼びます。通常、地殻熱流量とは岩石の中に含まれる放射性元素の壊変による熱と考えられています。それらはウラン、トリウム、カリウムなどの元素から放出されますが、それらは一般的には花崗岩のような、大陸をつくる岩石に多く含まれています。それに対して海洋底をつくる玄武岩のような岩石には、これらの元素はあまり多くは含まれていません。したがって地殻熱流量は陸では高く、海洋底では低くなり、通常の海洋底の平均的な地殻熱流量は42mW／㎡という値です（1㎡あたり1000分の42mWの熱量）。ところが大西洋を測定してみると、海嶺の中軸谷を含む地域で1～10W／㎡（WはmWの1000倍）というきわめて高い地殻熱流量が計測されたのです。これは放射性元素の崩壊だけでは説明できません。そこで考えられたのが、対流による地球内部の熱の伝搬です。海嶺の中軸部では温度の高いマグマや熱水が移動・循環していて、地球内部の熱を地表へ逃がしているのではないかというわけです。

そして地殻熱流量は、海嶺の裾野を下るにつれて、徐々に低くなっていきます。地形や地磁気のパターンと同様に、中軸の両側に下るほど低くなるという対称性を示しているのです。このことは、海底は年代が古くなるとともに冷えていくことを物語っています。

▲海底が大陸を動かしている

こうして観測が進むにつれ、さまざまな地球物理学的パラメーターが、海嶺の軸に対して対称に分布していることが明らかになってきました（図4－11）。

これらの現象をもっともよく説明できる理論が、ヘスたちが提唱した海洋底拡大説なのです。海洋底はつねに海嶺で形成されて、両側へ水平に移動していき、やがて海溝で消滅するという考え方です。

この海洋底の上に大陸が乗っていると考えたらどうでしょう。大陸は動く海底とともに、つねに移動することになるではありませんか。ウェーゲナーが生涯をかけて追い求めても得られなかった、大陸が移動する原動力とは何かという問いへの答えは、こうして意外にも海底から見つかったのです。

なお、海洋底が世界でもっとも速い拡大をしているのは、南緯13度から20度までの東太平洋です。その速度は年間15㎝といわれています。

主として大西洋から始まった海洋の観測や観察から、ヘスとディーツは1961～1962年にそれぞれ独立に海洋底拡大説を提唱しました。海洋底は中央海嶺で生まれ、海溝で沈んで消滅する、したがって海洋底はつねに更新されているという考えです。この考えでは大陸に比べて海洋底の年代はきわめて新しく、古いものは存在しないということになります。海溝で消滅するときに、地球の内部に持ち込まれてしまうからです。いまでは海洋底の年代は約2億年で、地球の年代46億年に比べるときわめて若いと考えられています。ヘスは自分の論文の中で、このような考えは夢のようで「ジオポエトリー」(GeoPoetry)、つまり「地球詩」であると述べています。

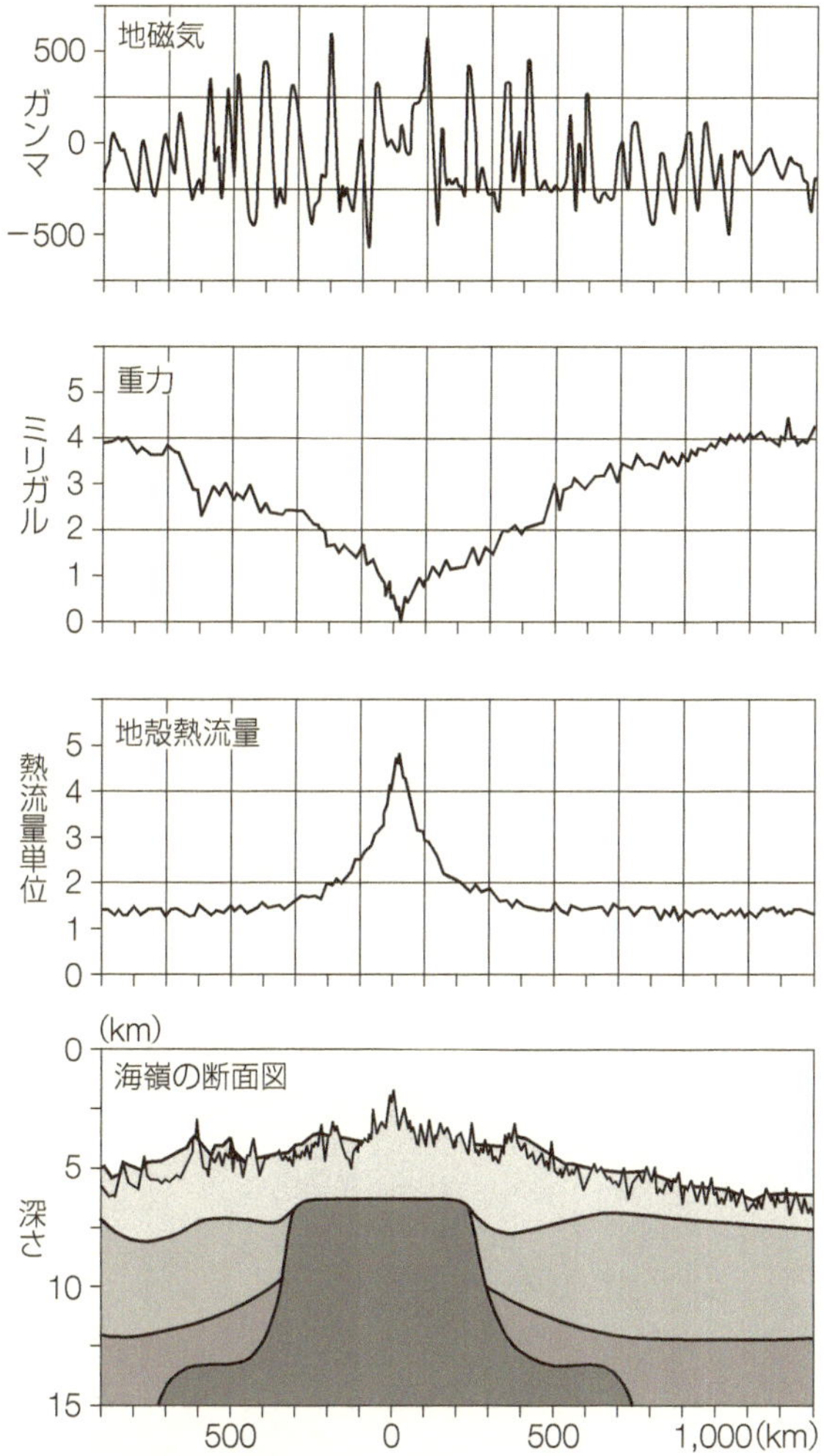

図4−11［**海嶺の地球物理**］
海嶺を横断する方向に観測された地球物理学的なパラメータは対称に分布している。上から地磁気、重力、地殻熱流量、深さ

海洋底拡大説は、基本的には次の五合目で紹介するプレートテクトニクスと同じ考え方です。海洋底が移動するということは、海洋プレートが移動するということと同じなのです。ウェーゲナーの死によっていったんは消滅した大陸移動説は、20年後、地磁気の研究によって劇的に復活しました。さらに海洋底拡大説によって海洋底が動いて大陸を運ぶという説明が可能になり、2つの説はここに合体したのです。

そしてこの革命的発見が、それまで地向斜造山運動論に支配されていた「山はどうしてできるのか」の答えをも大きく書き換えていくことになります。

五合目 プレートとプルーム

山ができる理由を探る旅は、いよいよ核心に入ります。ここで登場するのが、「プレートテクトニクス」という言葉です。その概念を非常に簡潔に表現すると、以下のようになります。

――地球の表層は「プレート」と呼ばれる十数枚の岩盤からなり、プレートの「離れる」「すれ違う」「ぶつかる」という運動によって、多くの地球科学的な現象が説明できる――

「プレート」と聞くと、板やお皿のように平べったくて、ある程度の厚みがあるものを想像されるのではないでしょうか。しかし、地球を覆っているプレートは厚さ30～100㎞ほどで、これは地球規模で見るときわめて薄いものです。地球を半径6・4㎝の円に見立ててコンパスで描くと、100㎞の厚さとはわずか1㎜程度で、これは鉛筆の芯ほどの幅でしかありません。これでは「プレート」というよりは「ペーパー」のほうが適切に思えます。紙ではまったく迫力がないので板と言い換えたのでしょうか？　いえ、実は「プレート」と呼ばれるのには後述するようにちゃんとした理由があるのです。

一方の「テクトニクス」は、ラテン語やギリシャ語からきた言葉で「建築物をつくる」といった意味です。つまりプレートテクトニクスとは、プレートの運動が引き起こす地球科学的な現象によって、大陸や山脈など、地球上の大きな構築物がつくられることまでも意味しているのです。したがって「山はどうしてできるのか」という問いへの答えも、ここにあるということになるのです。

しかし、地球のごく表面にある十数枚の板が動くだけで大陸ができたり、山がつくられたりするというのは、話が簡単すぎる気もします。関西人なら「ごっつ簡単でんな！」というところでしょう。実はプレートテクトニクスという考え方が現れた当初は、多くの地球科学者たちもその簡明さに驚きと戸惑いを隠せず、この説の真偽をめぐっては長い間、論争が繰り広げられてきました。

▲プレートの発見

プレートテクトニクスという考えは、地震の研究者たちから生まれました。1967〜1968年にかけて、アメリカ、イギリス、フランスの若手研究者たちは世界中の地震が起こる場所に着目し、地震の分布は多少の例外を除けば、海底の大きな構造である海嶺、海溝、トランスフォーム断層でしか起こっていないことに気づきました。では、地震のときにこれらの3つの構造ではいったい何が起きているのか？　彼らはそれをさらにくわしく調べていったのです。

ところで岩石などの固体には、ほとんど伸びも縮みもせず、変形や破壊もしない「剛体」というものがあります。ただし剛体とはいわば仮想的な固体で、実際には固体はなんらかの変形をするものです。岩石を押したり引いたりして、岩石に働く応力がその強度を超えれば岩石は壊れます。地球の表層で岩石が壊れれば、地震が起きます。地震が起こるところは岩石が変形・破壊す

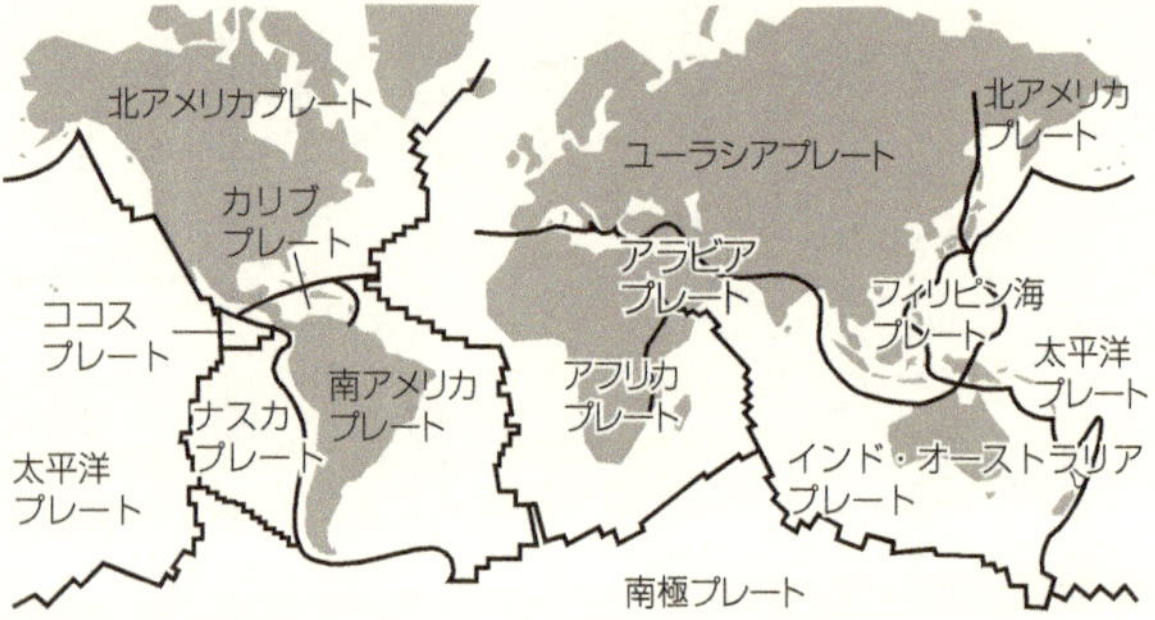

図5−1　プレートの配列

る弱い部分であり、地震が起こらないところは硬くて丈夫な、いわば剛体的な部分ということになります。

そこで地震の分布を世界地図でもう一度よく見てみると、地震の起こらない剛体的な部分を、弱くて変形・破壊する部分が取り巻いていることがわかりました。変形・破壊する場所は先ほど述べた海嶺、海溝、トランスフォーム断層です。そして、それらに取り巻かれている剛体的なところが地球上には十数ヵ所あり、それらをよく見ると、地殻とマントルから成る厚さ30〜100km程度の岩盤であることがわかりました。地球の半径に比べると確かにそれらは紙のように薄いのですが、その剛体的な硬さゆえにこれらの岩盤を「プレート」と呼ぶことにしたのです（図5−1）。

▲3つの運動プロセス

やがて、プレートは運動をしていることがわかります。運動はプレートどうしが隣接している境界で観測でき、「離れる」

「すれ違う」「ぶつかる」という3つの基本プロセスから成っていることがわかりました（図5－2）。「離れる」は海嶺で、「すれ違う」はトランスフォーム断層で、「ぶつかる」は海溝で見られる動きです。この3つのプロセスによって、プレートはほぼ水平方向に移動していると考えられました。そしてプレートの移動によって、地球科学現象の多くが説明できるとするのがプレートテクトニクスという考え方なのです。

プレートテクトニクスはモルガン、マッケンジー、ル・ピションらのイギリス、アメリカ、フランスの研究者や、トランスフォーム断層を提案したカナダのウィルソンによって独立にいくつかの学術雑誌にいっせいに掲載されました。それはまさに地球科学の革命でした。

当時、私は大学で研究者としての第一歩を踏み出そうとしていた頃でした。モルガンらの若手研究者は27歳くらいで、私と年齢が10歳とは開いていませんでした。大学3年のときには地向斜造山運動論を教わりましたが、4年から大学院に入った頃にはもうプレートテクトニクスを使った議論をしていました。東大の大学院には毎月、海外から新しい雑誌が届くので、プレートテクトニクスによって解明された新しい論文を読むのが楽しみでした。院生たちの間でも毎日、議論がたえませんでした。しかし、実際にプレートテクトニクスを個々の山にあてはめて考えてみるところまでには、まだかなり距離があったように思います。

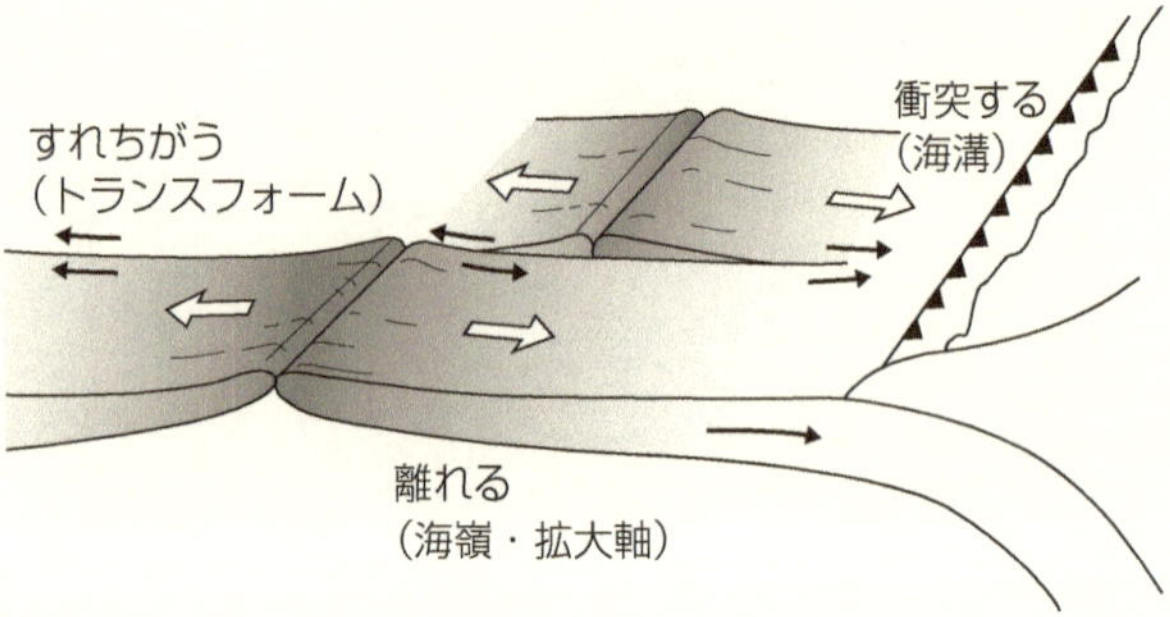

図5-2　プレートの３つの運動

▲３つの運動のしくみ

プレートには海洋だけから成る海洋プレート、陸と海とから成るプレート、陸だけから成る陸のプレートがあります。たとえば太平洋プレートは、ほぼ海だけから成っています。北米プレートは海（大西洋）と陸（北米大陸）から成ります。ユーラシアプレートはほとんど陸から成ります。

海洋プレートは陸のプレートより重さがあります。プレートをつくっている岩石が違うからです。一合目で述べたように、海洋プレートの上部は主に玄武岩からできていますが、陸のプレートの上部は主に花崗岩からできています。この花崗岩と玄武岩の密度のわずかな差が効いてくるのです。

ここで、プレートとは地下のどこまでを指すものなのか、確認しておきましょう。つまりプレートの底はどこにあるのかということです。実は、これは少々難しい問題です。プレートの底は岩石の「固相線」というものに相当します。固相線とは、それより深い場所では岩石が溶け始めて少しマグマができているし、それより浅い部分では固体であるというように、岩石の状態が分かれる境界線です（図5－3）。物性的にいえば、リソスフェア（硬い層、岩盤）とアセノスフェア（軟らかい層）の境界に相当します（37ページの図1－8）。これらを具体的に地下の構造にあてはめると、プレートとは、地殻と上部マントルの一部を含んだところまでを指すことになります。

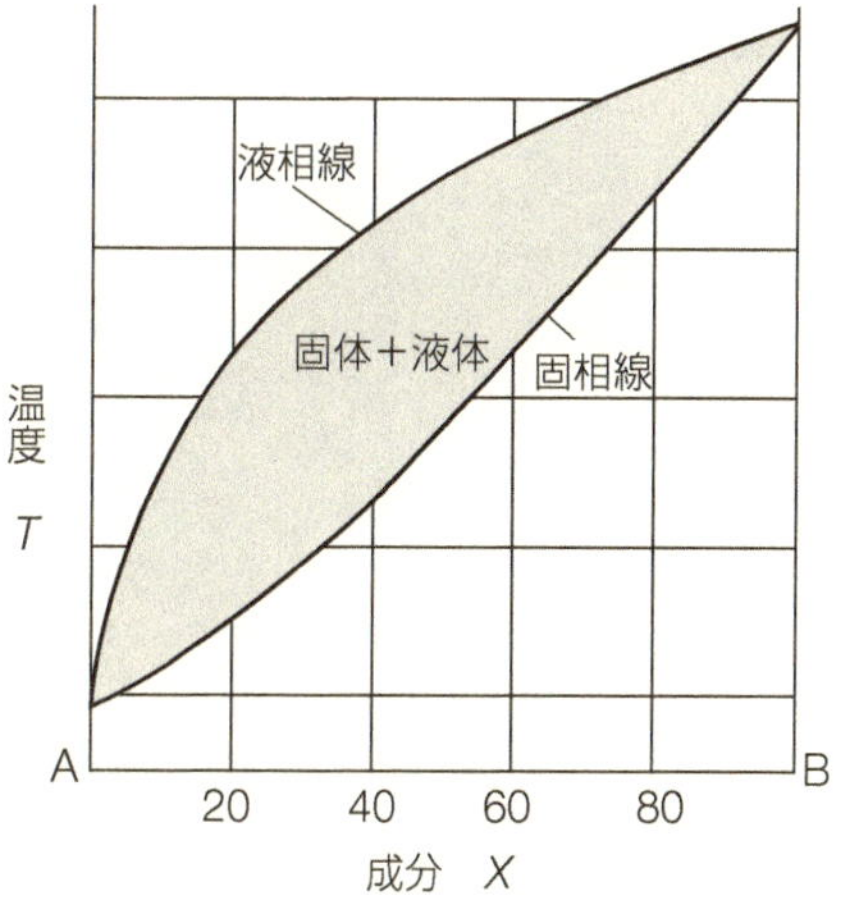

図5－3［**岩石の固相線**］岩石が溶けはじめる温度と成分を示す。固相線がプレートの深さに対応する

しかし固相線は、岩石の成分は同じでも、その場所の温度や圧力、流体（水）の有無などによって変動します。ですから、ある場所で地下のどこまでがプレートかという問題にも、つねに決まった答えというものはないのです。

さて、隣接するプレートどうしが離れる境界は、海嶺です。海嶺では地下からマグマが上がってきて、つねに新しいプレートが生産されています。四合目の海洋底拡大説の説明で、海嶺ではつねに新しい海底ができているといいましたが、それがすなわちプレートなのです。プレートはつねに更新され続けるので、海嶺から両側に向かって「離れて」いくのです。

2つのプレートが接近して、「すれ違う」と、海底には食い違い（変位）ができます。これがトランスフォーム断層です。

プレートどうしが「ぶつかる」境界は海溝です。海のプレートどうしであれば、年代の古いほうのプレートが重たいので、軽いプレートの下へと沈みます。そのためこの境界は消滅境界、あるいは沈み込み境界、沈み込み帯とも呼ばれています。海と陸のプレートがぶつかる場合は岩石の違いから海のほうが重いので沈み、陸のプレートどうしがぶつかる場合はどちらも軽いので沈み込めず、盛り上がります。あとでくわしく述べますが、このときにヒマラヤのような巨大な山脈ができると考えられています。

▲熱水系の発見とプレートテクトニクスの証明

1977年、アメリカ・ウッズホール海洋研究所の潜水調査船「アルビン」は、東太平洋海膨のガラパゴスリフトと呼ばれるリフト（海嶺の中軸にある深い谷）に潜っていて、海底から煙突のようなものが何本も伸びているのを発見しました。煙突の付近の温度は約20℃。周りの海水の温度（約4℃）よりずっと高い水温でした。

さらに1979年、東太平洋海膨の北緯21度で潜航した「アルビン」は、海底に林立する煙突

図5-4［熱水系］チムニーから吐き出される熱水

から黒い煙がもくもくと勢いよく出ているのを発見しました。そして周辺では、この世のものとは思えない奇妙な生物の群集が見つかりました。さらに煙突からは、360℃にも達する高温の熱水が噴き出していました（図5-4）。

海底で見つかったこれら煙突（「チムニー」と呼ばれています）と熱水、そしてそれに群がる生物群は「海底熱水系」と総称されることになりました。そこには、いままで私たちがまったく知らなかった生物群集が棲息《せいそく》していました。チューブワーム（ハオリムシ）、コロカリスという目のないエビ、シロウリガイ、シンカイヒバリガイなどです。水深2000mを超える海嶺地域には光が届かないので、これらの生物は光合成によってエネルギーを得ることができません。かわって化学反応によってエネルギーを得ているので「化学合成生物群集」と呼ばれました。

深海底におけるこの熱水系の発見は、生命科学にとって「20世紀最大の発見」といわれましたが、同時に地球科学にとっても大きな意味をもっていました。

繰り返しますが、プレートテクトニクスでは海嶺の軸部で生産されたプレートが水平に移動し、やがて海溝で沈み込んで地球の内部へ運ばれていくと考えます。この考えでは、プレートは時間がたつとともに冷却されていきます。プレートが生産される海嶺軸部の下にある熱源（マグマだまり）からどんどん離れていくからです。プレートの冷却だけでなく、水深その他のパラメーターも時間T（年代）の平方根に反比例して減少していくので、これらの関係を「ルートT則」とも呼んでいます。たとえば海嶺軸では2500～3500mだった水深は徐々に深くなって、1億年もたてば水深6000mにもなります。できたてのプレートは温度が高く軽いのですが、海嶺軸から離れるにつれてプレートは冷えて温度が低くなり、重くなって沈むからです。

熱水系の発見は、このようなプレートテクトニクスの考え方の証拠の一つとなりました。熱水系は海嶺が形成されているところには必ず存在しました。しかし海溝へと遠ざかるほど、熱水は出てこなくなります。それはプレートが移動して熱源から離れてしまうために、水の循環が起こらなくなるからにほかなりません。地球内部の熱がもっとも有効に地表に運ばれる場所が海嶺であり、最も冷えているところが海溝だったのです。

▲プレートができる国、見える国

ここで実際にプレートが形成されている場所をご紹介しましょう。

深海底にあるはずの中央海嶺が、例外的に地表に出ているところがあります。それはアイスランドです。大西洋中央海嶺の上に位置するアイスランドは、プレートができる国、いわば「板いづる国」といえます。多くの活火山が分布する地域は全体として地溝（凹地）になっていて、「ギャオ」と呼ばれる断崖絶壁に縁どられています。これは東アフリカの大地溝帯（リフトゾーン）と同じです。その落差は大きいところでは１５００ｍもあり、空から眺めると「引き裂かれた大地」という形容がぴったりです。この地溝帯の中に至るところから温泉が湧いていて、地熱発電が盛んにおこなわれています。

北緯65度近辺にあるアイスランドは氷に覆われているところが多く、噴火活動が起こると氷が溶けて湖になります。そのため出てくる溶岩は陸上であるにもかかわらず、海底でできるような枕状溶岩になります。枕状溶岩とは玄武岩質のマグマが水などで急冷されたとき、外側が固まって枕のような形になった溶岩で、中はまだ熱いマグマです。そしてアイスランド特有の「テーブルマウンテン」（卓状火山）という表面が平坦な溶岩台地が形成されます。

次は、プレートが見られる場所です。プレートは地球規模で見ればきわめて薄いと述べました

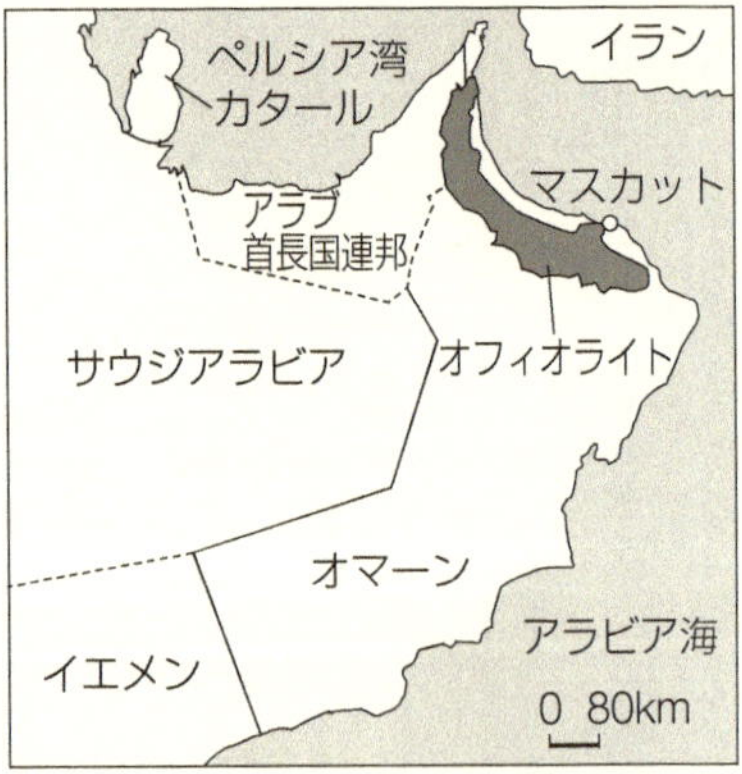

図5-5［**オマーンのオフィオライト**］
550㎞にもわたってプレートが露出する

が、厚いところでは100㎞あり、私たちにとってはその底はおろか途中の断面さえ見ることは不可能です。潜水調査船で海嶺を観察しても、プレートの厚さ方向ではせいぜい20mほどの断面が見えるだけです。これまでの深海掘削ではガラパゴス沖の504Bという孔が最深ですが、それでも海底下2111mです。トランスフォーム断層ではかなりの断面、場合によっては5㎞もの断面が見られますが、これも厚いプレートと比べれば20分の1でしかありません。ところが、プレートの断面がすべて見える場所が陸上にあるのです。

船乗りシンドバッドなどの物語で有名なアラビア半島にオマーンという国があります。1972年までは鎖国に近い状態にあって国外の研究者は誰も入れなかったのですが、その後、入国が許されて地質学の研究者が大挙して調査にのりだしました。なぜならオマーンでは、ブドウで有名な首都マスカットから、ソハールまでのおよそ550㎞にわたって、約1億年前の海洋プレートがその姿をさらしているのです（図5－5）。東京から新大阪までが552㎞ですから、およ

図5-6　オフィオライトの枕状溶岩

そそのくらいの距離にわたって、海洋プレートがそっくりアラビア半島の陸に乗り上げているのです。このプレートの残骸を「オフィオライト」と呼んでいます。「オフィ」とは蛇のことで、蛇紋岩に似た緑色でまだらな岩石の組み合わせでできているので、そう呼ばれています。

海岸線に直交する「ワディ」と呼ばれる水の涸《か》れた川に沿って歩いていくと、プレートの上（浅い部分）から下（深い部分）までを完全に見ることができます。マンガンや鉄に富んだ、赤茶けた「アンバー」と呼ばれる深海堆積物があり、その下には累々と重なる枕状《まくらじょう》溶岩（図5-6）、おびただしい数の岩脈群、広大なはんれい岩（図5-7）、そして上部マントルをつくるかんらん岩が見られます。その間には地殻と上部マントルの境界、モホ面に相当するところがあります。プレートはつくっている

図5-7　オフィオライトのはんれい岩

岩石の硬さの違いを反映していて、できた地形を見ただけでそこがどんな岩石であるかがわかります。私もオマーンでプレートの断面を歩いて見ていますが、海嶺の軸部は実にダイナミックで、しかも荘厳さを感じました。

▲プルームテクトニクス——地球科学の最前線

プレートテクトニクスは地球の表層に起こるさまざまの地球科学的な現象をみごとに説明しました。しかし、マントルの動きを含む地球深部の現象については説明できていませんでした。たとえば地下のプレートを海嶺にまで押し上げる原動力は何なのかという問題があります。そこで1990年代に登場したのが、「プルームテクトニクス」です。

いかに技術が進歩しても、掘削によって直接的に地球の内部の物質を見ることができるのは12㎞くらいの深さまでです（ロシアのコラ半島での大陸掘削）。それは地球の半径の500分の1ほどにすぎません。では、それより深い地球内部がどうなっているのかは、どうして知ることができるのでしょうか。一合目でも少し述べましたが、それは「地震」という波で見るのです。

図5-8［**地震波トモグラフィー**］たくさんの地震波を観測して地球内部の「断層写真」を映し出す

大きな地震が起こると、波はマントルや核を伝わり、地球の反対側の地表で観測されます。これらの波をコンピュータでトモグラフィー（断層写真）にしたものを「地震波トモグラフィー」、あるいはマントル全体に適用しているので「マントルトモグラフィー」と呼んでいます（図5-8）。ちょうどX線を使ったCTスキャンのようなものです。

この手法を使って地球全体を見たところ、マントルの中には地震波が伝播する速度が速い部分と、遅い部分があることがわかりました。それまでは、マントルは物質

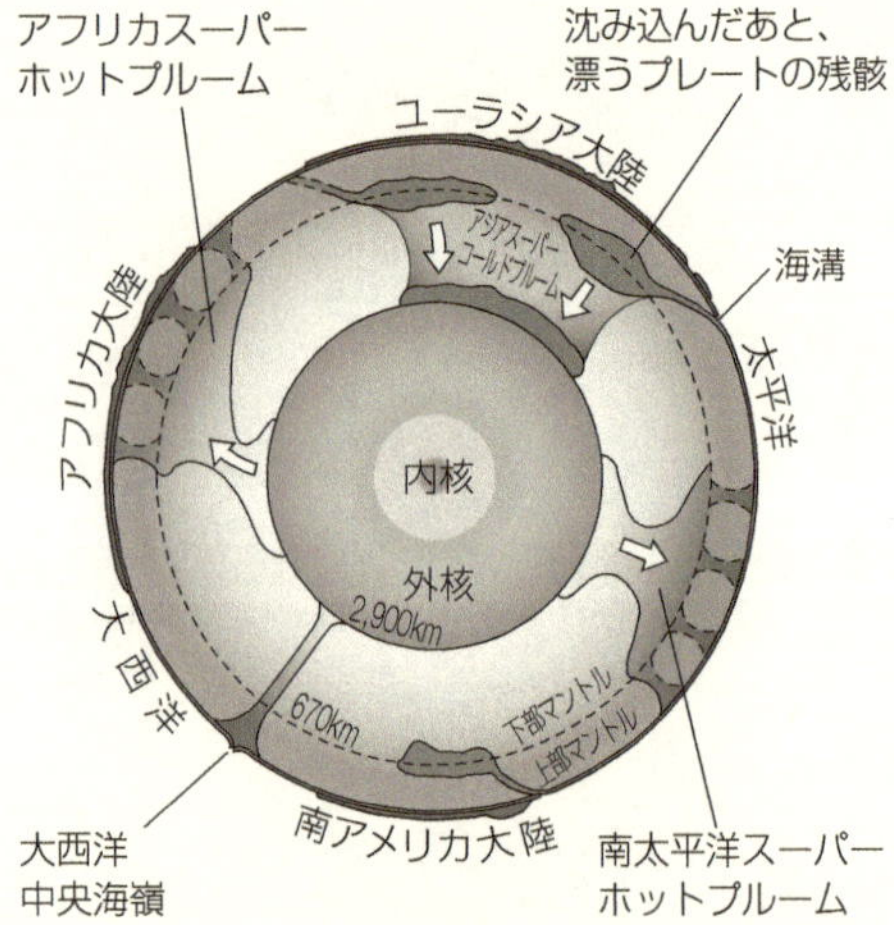

図5-9［**プルーム**］プルームがマントルの対流を引き起こし、その上にあるプレートを動かしていると考えられる

も組成も均一であると考えられていたので、これは驚きの発見でした。

　地震波速度の違いは温度、圧力、水の有無やマントルの化学組成の違いなどによって決まりますが、一番大きく効いてくるのは温度です。温度が高いと岩石は軟かくなってそこを通る地震波速度は遅くなり、逆に温度が低いと岩石は硬くなり地震波速度は速くなります。地震波速度が温度に規制されていると考えてマントル全体を見てみると、温度の高い巨大な領域が南太平洋のタヒチ島のあるフレンチポリネシアと東アフリカリフトゾーンの地下にあることがわかります（南太平洋スーパーホットプルームとアフリカスーパーホットプルーム）。逆に温度の低いところが日本列島に近いアジアの下に認められます（アジアスーパーコールドプルーム）。

　この地震トモグラフィーによって、マントルの中には「プルーム」と呼ばれる巨大な「煙」があることがわかりました（図5-9）。熱いプルームは上昇し、冷たいプルームが下降することによってプルームがマントルの中を循環し、そのためにマントルの大きな対流が引き起こされるというのです。

このように地球科学現象をプルームの運動によって解明する考えを「プルームテクトニクス」といいます。この考えは1994年頃に、当時の名古屋大学の研究者から発信されました。まだ仮説の段階ですが、現在では多くの研究者が信ずるに至っています。日本から発信され、世界的に認められている考え方です。

以下に、プルームテクトニクスを少しくわしく解説します。

一般にマントルの中で温度が高くて上昇する傾向のある部分を「ホットプルーム」と呼んでいます。逆に冷たくて下降するものは「コールドプルーム」と呼ばれています。それらの大きなものを「スーパープルーム」と呼んでおり、直径1000kmに及ぶものもあります。

スーパープルームはウェーゲナーが考えた超大陸の分裂を引き起こした原動力であるとみられています。地球上にはいまから約19億年前にできたヌーナ、10億年前にできたロディニア、5・5億年前にできたゴンドワナ、そして2・5億年前にできたパンゲアなどの超大陸があったと考えられています。これらの大陸はプレートの運動によってある周期（約2・5億～3億年）で、1ヵ所に集まってはまた分裂するというサイクルを繰り返していると考えられ、この周期は「ウ

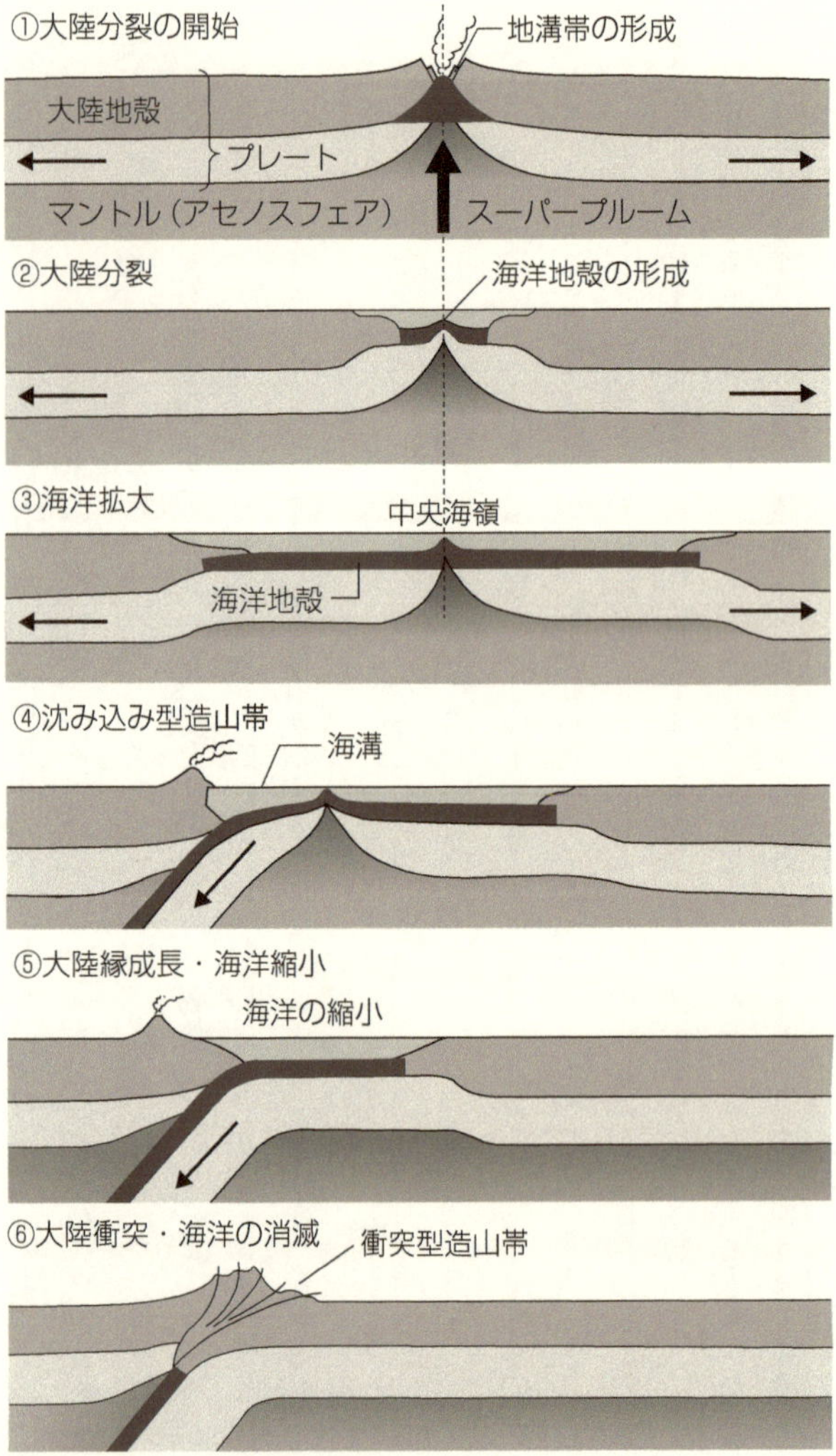

図5-10［**ウィルソンサイクル**］ウィルソンは大陸の離合集散がおよそ3億年のサイクルで繰り返されていると提唱した

イルソンサイクル」と呼ばれています（図5-10）。発案者はプレートテクトニクスを提唱したカナダのウィルソンです。

大陸の下からスーパープルームが上昇してくると、それはプレートを動かす原動力となり、大陸は引き裂かれて分裂し、水平方向へと移動を始めます。やがて海溝にさしかかると、プレートは沈み込んで、海洋は縮小します。さらに進むと、大陸どうしが衝突して、海洋はついに消滅します。しかし、衝突して1つになった大陸は、いずれはまた引き裂かれることになります。こうして同じプロセスを繰り返すことをウィルソンサイクルというのです。東アフリカでは約600万年前に大陸分裂が始まり、それが人類が猿から分かれた大きな節目であると考えられています（ただし現在では、ここから1000㎞以上も西のチャド湖でもっと古い人骨が見つかっています）。

スーパープルームが起こした現象としてよく研究されているのは、古生代の終わり（二畳紀末）に起こったとされている地球上で最大の絶滅事件です。このとき、シベリアに流れ出たおびただしい量の溶岩が大量の火山灰をまき散らし、地球上の気候を大きく変動させたようです。火山灰は太陽の光線を遮ったため地球上の気温はどんどん下がり、海洋の水温が低くなって多くの古生代型生物が絶滅したのです。それは「核の冬」にも似た現象であることから「プルームの冬」と呼ばれています。

この五合目ではまず、プレートが「離れる」「すれ違う」「ぶつかる」という3つの動きを基本とするプレートテクトニクスを見てきました。プレートを動かしているのは、マントルの中の温度差による対流です。そして対流を起こすのは巨大な煙のようなプルームです。高温のホットプルームと低温のコールドプルームがマントルの中を移動していて、この活動が起こす対流が地球科学的な現象を支配しているというのがプルームテクトニクスの考え方なのです。

さあ、これでようやく、「山はどうしてできるのか」を考える準備が整いました。いよいよ六合目からは、山を主役にして話を進めていきます。

六合目

山はこうしてできる

①断層運動、付加体、大陸衝突ほか

▲すべてはプレートテクトニクスから

三合目から五合目にかけて「どうして山ができるのか」についての考え方が地質学の歩みとともに変遷してきた歴史をたどってきました。地球収縮説と地向斜造山運動論の論争、ウェーゲナーの大陸移動説の誕生と敗北、マントル対流説と地磁気の研究によって蘇《よみがえ》った大陸移動説から海洋底拡大説への発展、それらを経て地球科学の革命ともいわれたプレートテクトニクスが登場し、さらにプレートテクトニクスを補完するように日本からプルームテクトニクスが提唱されるところまでを見てきました。

この六合目からはいよいよ、実際に地球上に存在する山々がどのようにしてできたのかを考えていきます。「はじめに」でも述べたように、山はさまざまな種類に分けられ、そのでき方もさまざまです。しかし、それらはすべてプレートテクトニクス（と、それを補完するプルームテクトニクス）によって統一的に説明することができるのです。ここからは、そのことにも注目しながら読み進めてください。

いうまでもなく、山のような大きな地形は一朝一夕にできるものではありません。では気が遠くなるような天文学的な時間がかかるのかといえば、そうでもありません。実は地質学的な時間尺度で見れば、山は意外に短時間でつくられることがわかってきました。

山はその成因によって、以下のように分けられると考えられます。

①断層運動によるもの、②造山運動（付加体の形成や大陸の衝突）によるもの、③火山活動によるもの、④風化や浸食によるものです。それ以外には、氷河の作用や花崗岩の上昇によるものや、泥火山や蛇紋岩海山といわれるものもあります。もっともドラスティックなのは大陸どうしの衝突です。

地球に作用するエネルギーは、地球の内部に由来するもの（内因的）と、おもに太陽に由来するもの（外因的）に分かれますが、ここにあげた山をつくる作用では断層運動や造山運動、火山活動などは内因的なもの、氷河などの作用は外因的なものです。

中国の「滄桑《そうそう》の変」という漢詩は、以前は桑畑だったところがいつの間にか海になっているのを見て天変地異の激しさに驚いています。ではこれから、実際に「滄桑の変」が起きる過程について見ていきましょう。なお、火山活動による山の形成については章を分けて次の七合目で説明します。

断層運動がつくる山

断層とは、地面が食い違う現象です。断層には3つのパターンがあります（図6－1）。断層

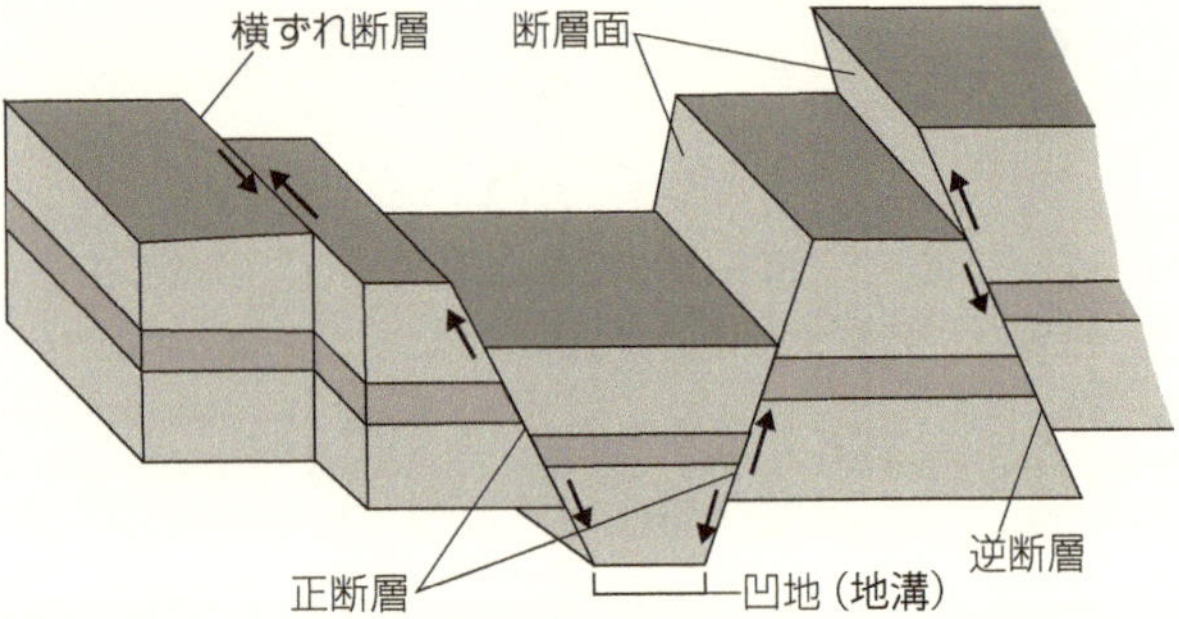

図6−1 ［**断層の3つの種類**］正断層、逆断層、横ずれ断層がある

をはさんだ2つのブロック（地塊）の、①一方が一方の下に落ちる、②一方が一方の上にのし上がる、③互いに横にずれるというケースです。それらはおのおの「正断層」「逆断層」「横ずれ断層」と呼ばれています。正断層と逆断層は地面の高さ方向、つまり鉛直方向にずれるので、断層運動が起こると地形的な高まり、すなわち山が形成されます。なお、五合目で出てきたトランスフォーム断層は横ずれ断層の一つです。

断層運動は地震と関係しています。1回の地震で地面が動く変動量（変位）は、普通はたかだか1〜2m程度ですが、大きな地震では10m以上も地面がずれることがあります。地震が繰り返し起こってその落差（変位）が積み重なると、100m、1000mという大きさになり、そのために山ができるのです。

日本の山で例をあげると、京都盆地の東にある東山連峰は、正断層によってできた山です。また、神戸の六甲山地は逆断層によってできた山です。まず、この2つの例を見ていきます。

(1) 比叡山と東山三十六峰

京都には比叡山や大文字山など、歴史に名高い山が東山三十六峰を形成していて、北は琵琶湖の西を画する比良山地から、南は吉田山を経て伏見稲荷あたりまでつながっています。これらの山々はすべて古生代（いまから約2億5000万年前〜約5億3000万年前）の花《か》崗《こう》岩でできています。山の西側には平らな盆地状の地形が広がっています。1000年の都が繁栄した京都盆地です。

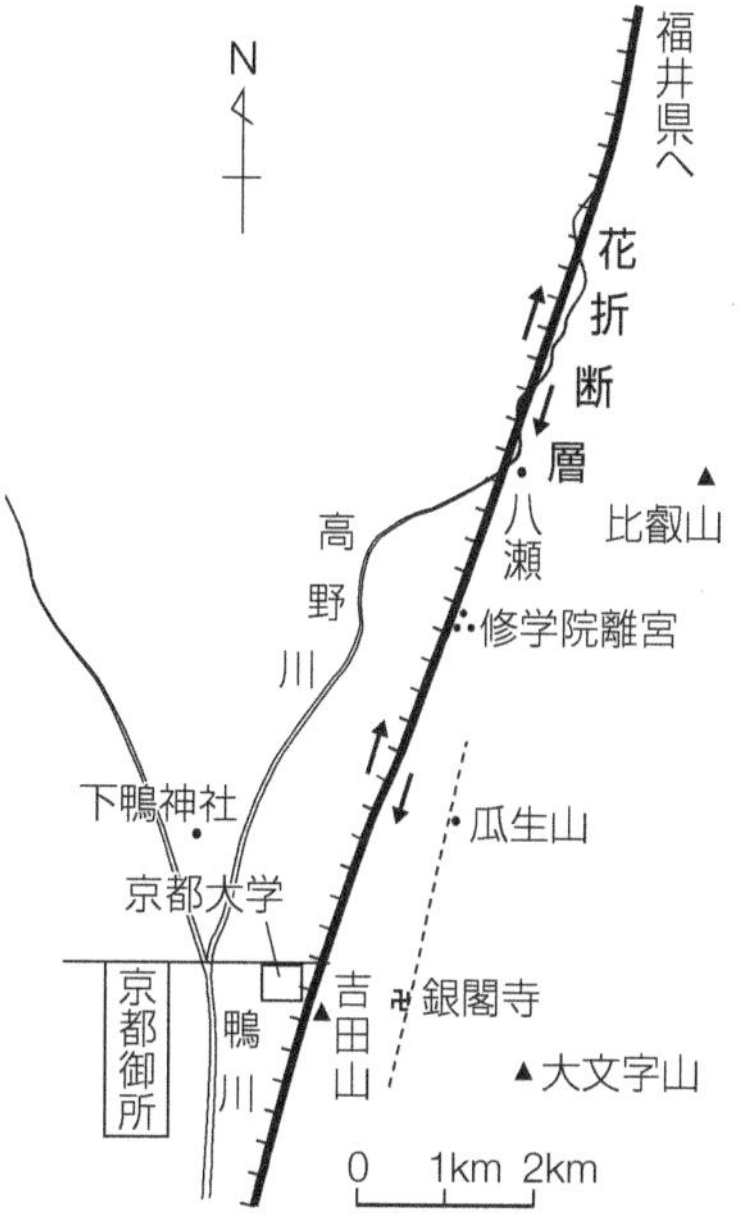

図6-2［京都の断層］
京都盆地の東の端を境界する花折断層は大文字山や比叡山の麓から国道３６７号線を通って福井県にまでつながる大きな活断層である

さて、これら花崗岩の山と盆地との間には、花《はな》折《おれ》断層と呼ばれるシャープな断層が走っています（図6-2）。これは地震が起こるたびに、京都盆地の側のブロックが大文字山の側のブロックに対して下になる断層運動が繰り返されてできた正断層です。東山連峰はこの断層運動によって形成された山々なのです。むかし福井県からサバを運ぶのに通ったといわれる「鯖《さば》街道」は、この断層に沿ってできた道です。花折断層は現在も動きが活発な活断層の1つとして、防災の観点から警戒されています。断層によってできた山々からは土砂が運ばれ、いたるところで扇状地をつくっています。私の家もその扇状地の上に建っています。

こうした断層山地は平野からいきなり高まりがにょきっと起立した山で、実際に見ると地形図が示す比高よりも高さが際立って感じられます。そのためか、庭園の借景として、また宗教的な象徴としても利用されています。修学院離宮や金閣寺、南禅寺、真如堂、法然院など東山に沿った寺はすべてこの山を借景として使っていますし、比叡山は山岳宗教の拠点となりました。

(2) 六甲山地

瀬戸内海から神戸へ向かうと、まるで絶壁のように六甲山地がそびえています。海面からの高さは1000m近くですが、実際に見るとより高く感じられるのは大文字山と同じです。

六甲山地も東山連峰と同様に花崗岩でできていますが、この山にはそのほかに興味深い特徴があります。瀬戸内海では、たまった泥や砂が積み重なって堆積岩の地層ができています。そして六甲山の一部は、実は花崗岩の上に積もった堆積岩なのです。堆積岩の地層が地震によって陸に近い側に押しつけられ、陸の上にのし上がって逆断層をつくり、その後も地震のたびに隆起して

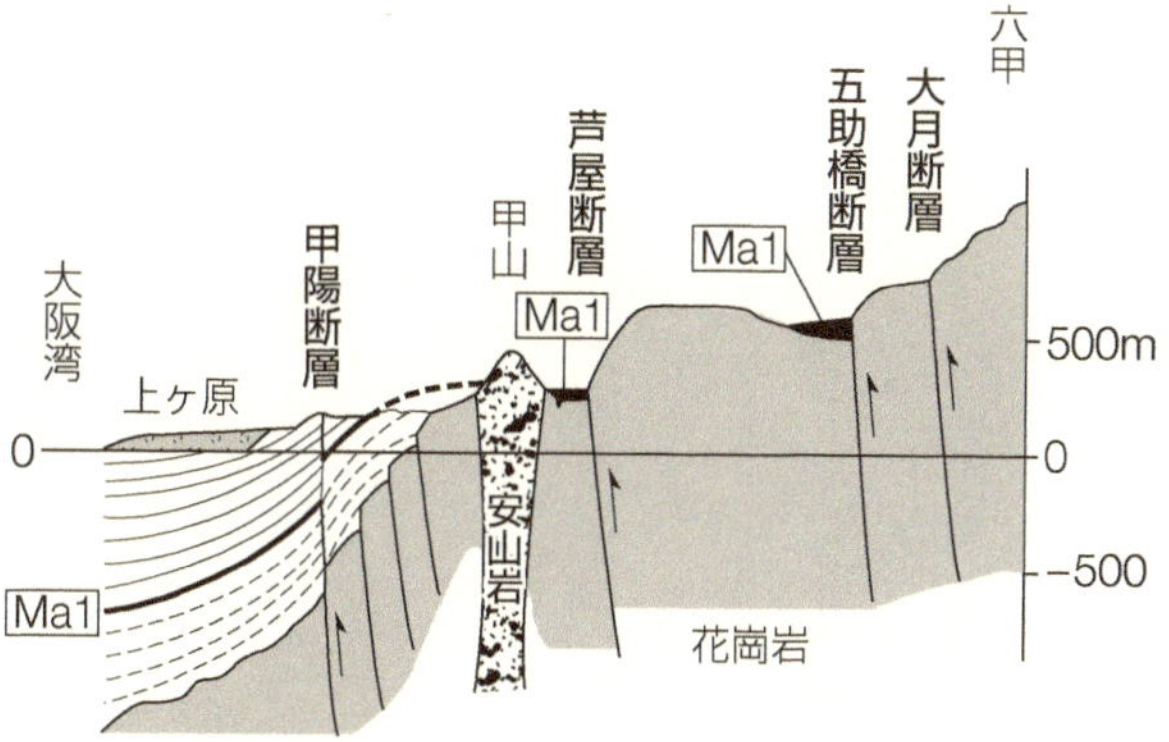

図6-3［**六甲山**］
六甲山は花崗岩でできた山だが、逆断層によって大阪湾にたまった堆積物（Ma1）が隆起していて中腹にまで見られる

山をつくったのです（図6－3）。

この堆積岩はいまから100万年ほど前にたまったもので「Ma1」と呼ばれています。この岩が見られる地層は特徴的なので、地質現象を解明する鍵になるという意味で「鍵層」と呼ばれています。通常、この地層は瀬戸内海では海面下500mに分布していることがボーリングや音波探査でわかっています。ところが同じMa-1が、六甲山では標高250m、350m、そして一番高いところでは500mのところにまで分布しているのです。海面下の地層との最大落差はおよそ1000mになります。

六甲山から風雨によって削られてたまった花崗岩は礫《れき》層という地層をつくっていますが、その年代は約50万年前とされています。するとMa1は海面下500mから花崗岩の上までの1000mの落差を50万年で隆起したことになります。地質学的には、これはきわめて短い時間といえるのです。なお中央アルプスや飛騨山地なども、200万年より短い年代で標高2000mに達したことがわかっています。

ちなみに六甲山地ではところどころで断層が露出しているのが見られ、甲陽断層、芦屋断層、五助橋断層などの名がついています。神戸の人たちにはなじみ深い名前なのでしょう。

(1)東山連峰の正断層、(2)六甲山地の逆断層と、地面が鉛直方向にずれる断層運動によって山がつくられる例を見てきました。これらの断層運動を起こす直接の原因は地震ですが、その地震を引き起こす〝真犯人〟は、南海トラフに沈み込んでいるフィリピン海プレートです。つまり断層運動によってできた山はプレートテクトニクスの産物なのです。

(3)東アフリカの大地溝帯

ここで、世界最大規模の断層をご覧いただきましょう。アフリカ大陸の大地溝帯です。

アフリカ大陸の東側には、落差が1500m以上もある急崖が延々と断続的に続いています(図6-4)。いまから600万年ほど前のある日、この地で人類がチンパンジーから分かれ、われわれの祖先が誕生した頃にできた地形と考えられています。「リフトゾーン」ともいわれるこの東アフリカ大地溝帯は、北はアファー三角地帯から南はタンガニーカ湖まで全長約3000㎞にわたり、アフリカ大陸の東側を切り取るように延びています。

この大地形の正体は、その東側と西側の大地が正断層によって切られ、中央部が陥没してできた深い凹地です。凹地の中には海面下およそ800mにまで達するところもあります。「リフト(Rift)」とは、スキーで乗る「リフト（Lift)」ではなく「大地を引き裂く」という意味です。実際、航空写真などでこの地形を見ると、広大な大地が引き裂かれ、そこに細長い凹地ができているように感じられます。大西洋中央海嶺の中軸谷が「リフト」と呼ばれていることを四合目で紹介しましたが、それもこのアフリカのリフトからの連想なのです。なお、これと似た地形断面は紅海でも見られます（図6－5）。

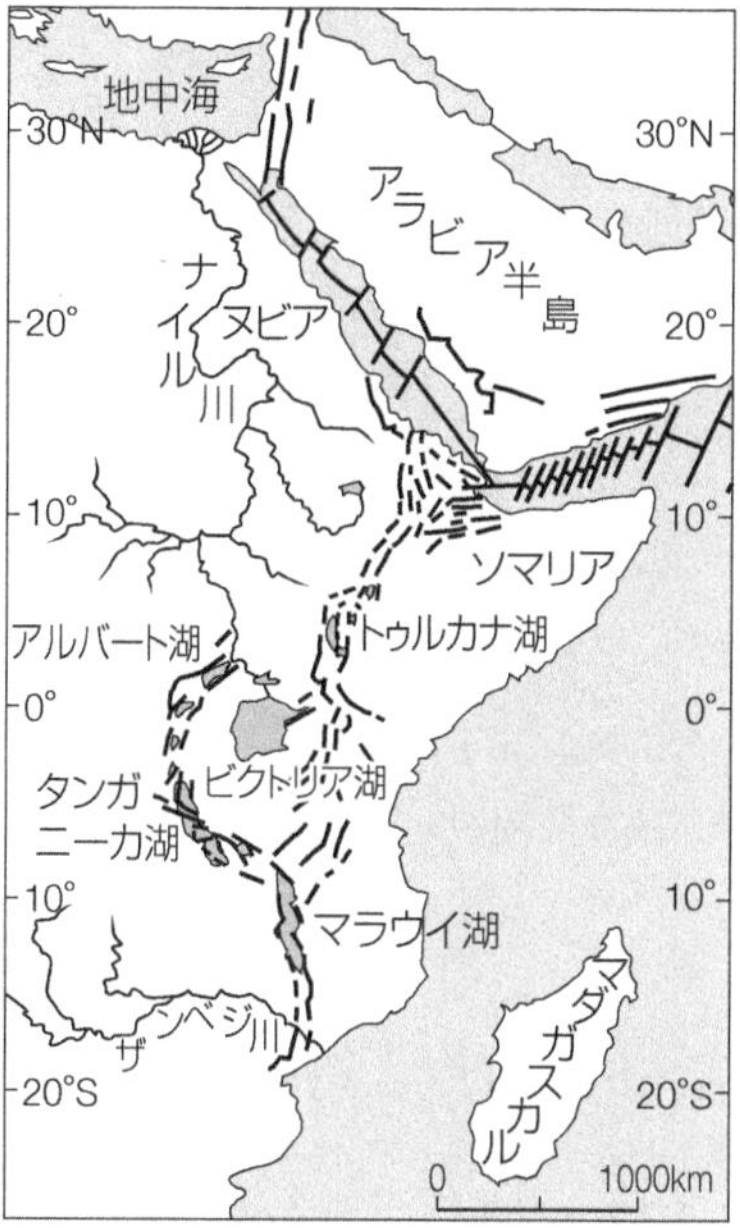

図6−4［**東アフリカの大地溝帯**］比高1500m以上もの正断層でできた凹地が約300㎞にわたって連なる

凹地の中にはビクトリア湖やタンガニーカ湖など、多くの湖ができています。熱や気温で干上がった塩分の高い湖です。そして凹地の中にはたくさんの活火山があります。

東アフリカのリフトを形づくったもの、それは、地下深くのマグマです。高温のマグ

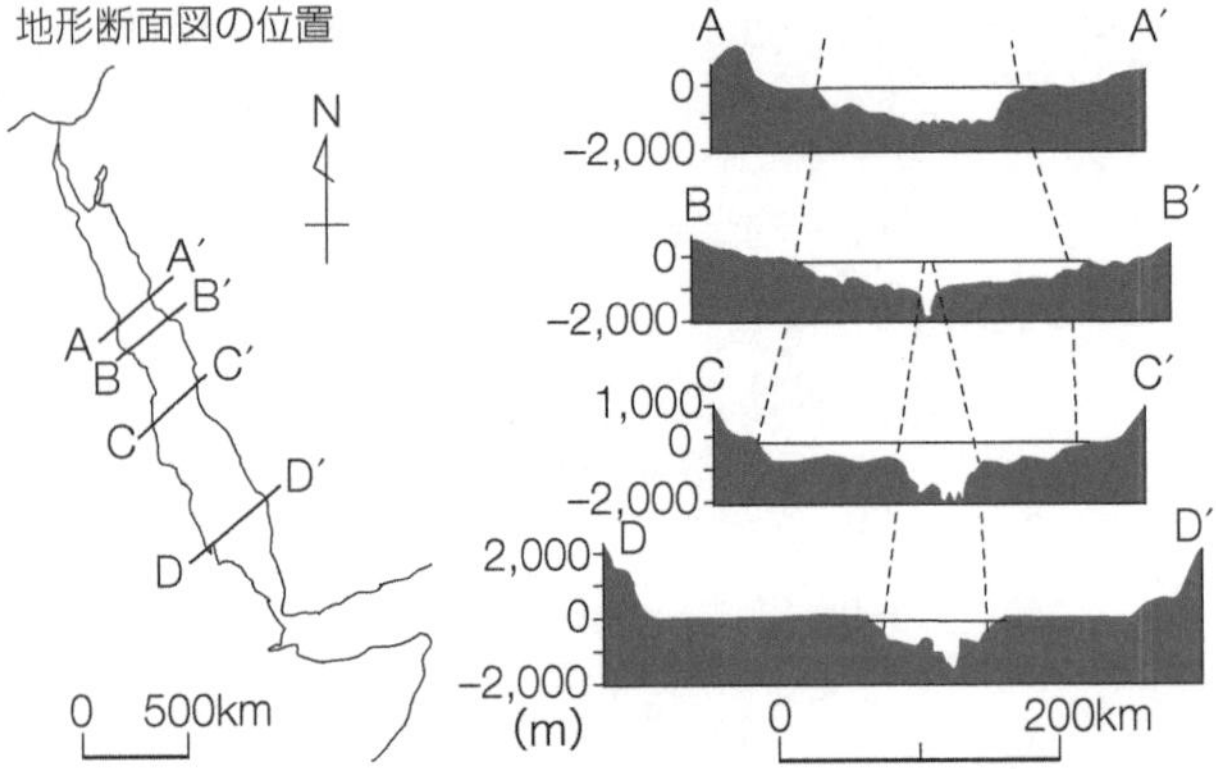

図6−5 東アフリカ大地溝帯に似た紅海の地形断面

マが上昇するときのすさまじい勢いが大地を押し上げ、正断層となったのです。そしてマグマを上昇させる原動力となったのが、プルームテクトニクスです。地球には2つの大きなプルーム（スーパープルーム）が存在していることがわかっていて、実はそのうちの一つが東アフリカの地下深くにあるアフリカスーパーホットプルームなのです。

リフトをつくった〝真犯人〟プルームは、まさにいまこのときも地表にその一端を現し、大地を引き裂き続けています。

付加体からできる山

断層運動よりもプレートテクトニクスが前面に出てくるのが、造山運動です。これにはまず、「付加体」による山の形成があります。そのしくみは次のようなものです。

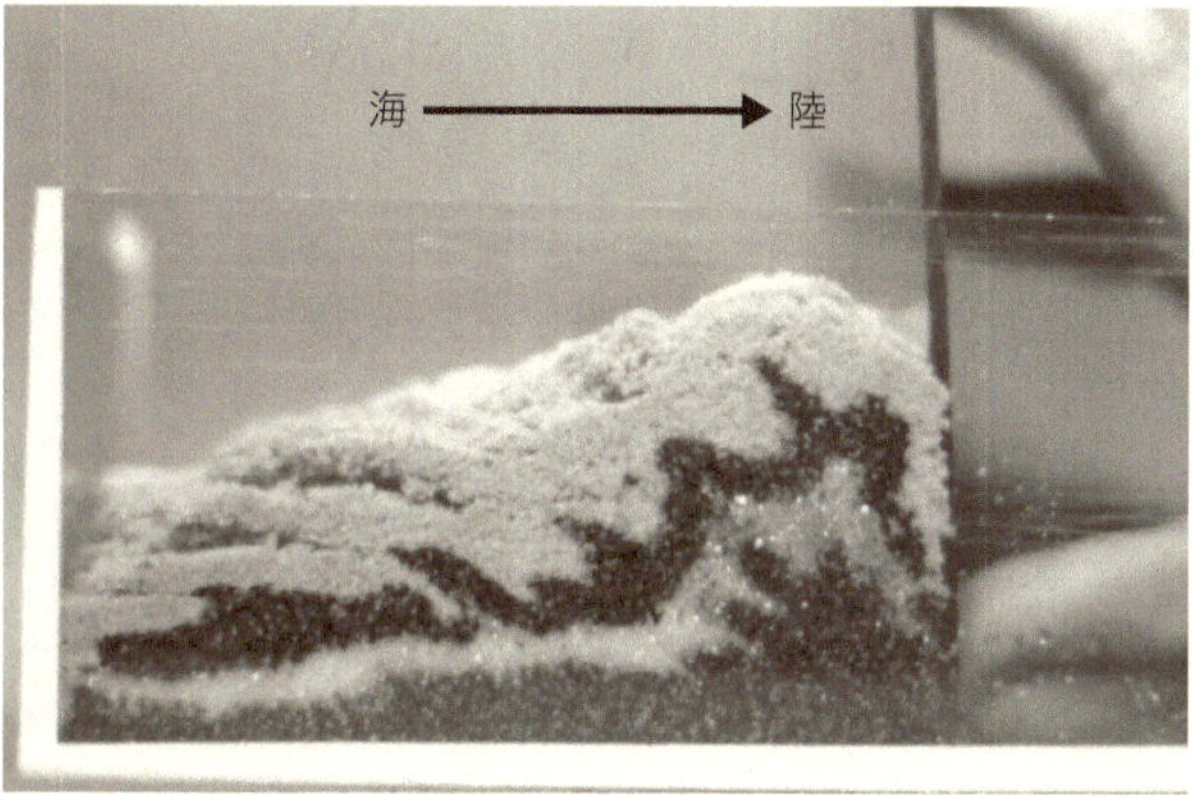

図6−6［**付加体のでき方のモデル**］海溝にたまった堆積物が徐々に変形し、褶曲や断層によって隆起していく

海嶺で新しくできたプレートは、長い年月をかけて陸が見えるところへとやってきます。移動してきたプレートが陸の近くの海溝にさしかかると、プレートの上に載っていた生物の遺骸や火山灰、プレート本体をつくっていた火山岩、サンゴ礁の島の破片などのプレート由来のものが、海溝の底で陸から運ばれてきた堆積物と混ざりあいます。これをメランジェ（Melange）と呼びます。日本人が「メレンゲ」と呼んでいる、ケーキをつくるときに使う卵の白身を泡立てたものを意味する言葉です。要するにさまざまなものが海溝の底にたまってごちゃまぜになるのです。

これらは最初のうちはほとんど変形しませんが、プレートが海溝で沈み込みを開始するのにともなって、変形を始めます。陸側の部分が海側のプレートに押されて圧密・変形を受け、最後は断層ができて食い違ってきます。陸側にのし上がる逆断層を繰り返し、徐々に堆積物が積み重なったもの（パイル）が厚みを増していきます。こうしてできた厚みのある地層を「付加体」と呼んでいます（図6－6）。海から来た物質が陸のほうへ「つけ加わって」できたものという意味です。

はじめ海の中にできる付加体は、どんどん成長して海底から海面へと嵩《かさ》が高くなり、ついには陸になっていきます。その過程で生じる逆断層は、巨大な地震活動を引き起こします。断層は派生断層やさらに大きなデコルマと呼ばれる深部にある大断層によって付加体の堆積物を陸へ押し上げます。このようにして付加体は、海溝に平行な大山脈を形成していきます。

山脈の長さは海溝の長さと同じくらいになります。北米のカスケード山脈とカスケード海溝やカリブ海のバルバドス島とプエルトリコ海溝、日本では南海トラフと四国山地などがいい例です。中央アルプスを形成する堆積岩でできた山々も、同じようなプロセスでできたものです。

台湾の最高峰である玉山（３９９７ｍ）は、かつて「新高山」と呼ばれ〝日本の最高峰〟だったこともある山です。この山はすべて堆積岩からできていて、フィリピン海プレートの東側からの沈み込みによってできた付加体が隆起して形成されたものです。

大陸が衝突してできる山

次はもっともダイナミックな造山運動、大陸の衝突による山の形成です。その前に、ここで少しだけ地球の歴史を振り返っておきます。

地球上に最初の大陸ができたのは、いまから40億年ほど前です。惑星空間の塵の集積によって形成された初期地球（プロトアース）には、周辺の星屑が衝突を繰り返し、その衝突エネルギーは熱エネルギーに変わります。こうして熱せられた地球には、どろどろに溶けたマグマオーシャン（マグマの海）が形成されます。その温度は１６００℃ほどで、通常の玄武岩マグマよりもかなり高温です。当時の地球を宇宙から見れば、真っ赤な火の玉のようだったでしょう。やがて時間がたってマグマオーシャンが冷え、温度が下がってくると、揮発性物質が凝縮して雨となり、地球に降り注ぎます。雨は何千年も降り、地球表層の凹地にたまって、最初の海が形成されます。

マグマオーシャンが冷えてきた頃から、プレートテクトニクスが始まります。プレートの沈み込みが始まると、マントルの中へ水が持ち込まれるために、安山岩などシリカ（SiO_2）をやや多く含む岩石が形成されます。場合によっては花崗岩もつくられます。そして、沈み込みにともなって島（島弧）があちこちに形成されていきます。これらは互いに衝突して、やや大きめの島、すなわち小さな大陸が形成されはじめます。これらがさらに衝突合体を繰り返して、ついに最初の大きな大陸が形成されます。多くの研究者は、いまから約21億年前頃に最初の超大陸ができたのではないかと考えています。その後、ウィルソンサイクルが6回起こり、最後のサイクルがいまから約2億5000万年前のパンゲアの分裂だと考えられています。ウィルソンサイクルとは五合目でも述べましたが、次のようなサイクルです。

超大陸がスーパープルームによって分裂を開始し、東アフリカリフトゾーンのように大陸が引き裂かれるリフトを形成する→やがて紅海のような狭い海が形成され、アデン湾のような海を経て、大西洋のような大きな海になる→大西洋はさらに拡大し、その結果、両側の大陸はどんどん押しやられ、最後は反対側にすべての大陸が集まってまた超大陸が形成される……。その最後の超大陸がウェーゲナーのいうパンゲアであるというわけですが、それより古い超大陸に関してはあいまいなことが多いようです。

そして、このような超大陸をつくる作用のおおもとである大陸どうしの衝突が、山ができる原因にもなっているのです。大陸衝突によってどのように山ができるのかを見ていきましょう。

地球の歴史の中で、大陸衝突によってできた山の一番新しい例としては、日本列島の神奈川県にある丹沢山地があります。これはかつてこの場所に「古丹沢半島」とでもいうべき島が衝突してできた山です。日高山脈も、北海道の東西が衝突してできた山です。しかしもっともよく研究されているのは、インド亜大陸と呼ばれる大陸がアジア大陸に衝突して起こった、ヒマラヤ山脈の形成でしょう（図6-7）。地球科学だけでなく、気候変動や文明の発達などにも大きな影響を与えたヒマラヤ山脈は、以下のようにしてできたと考えられています。

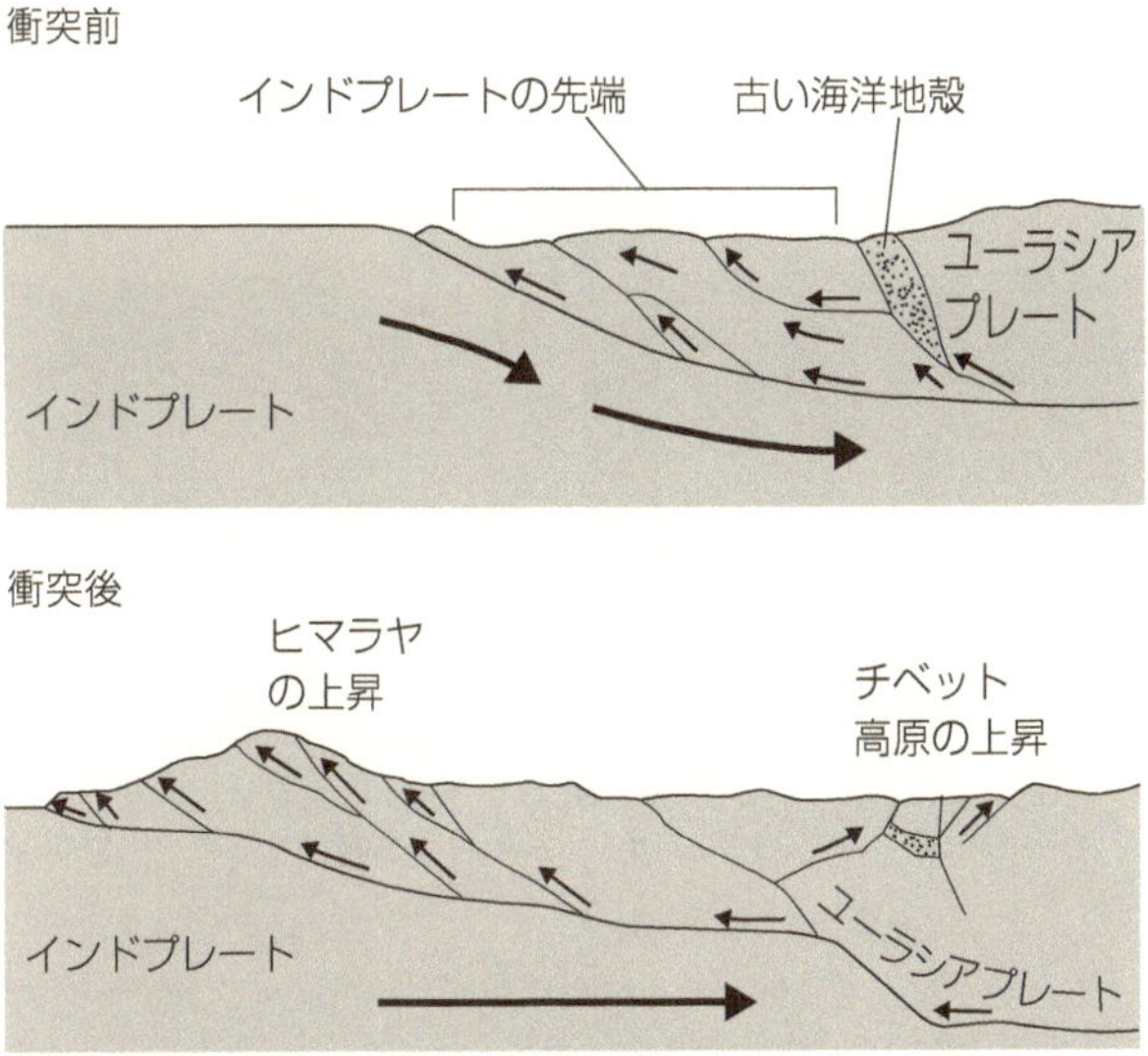

図6-7［**ヒマラヤ山脈の形成**］ユーラシア大陸にインド亜大陸が衝突して巨大山脈が形成された

インド亜大陸は、もとはゴンドワナ大陸の一部でした。いまから2億5000万年ほど前には、ゴンドワナ大陸は南米、アフリカ、インド、スリランカ、マダガスカル、オーストラリア、南極が1つになった超大陸だったのです。この超大陸が分裂す

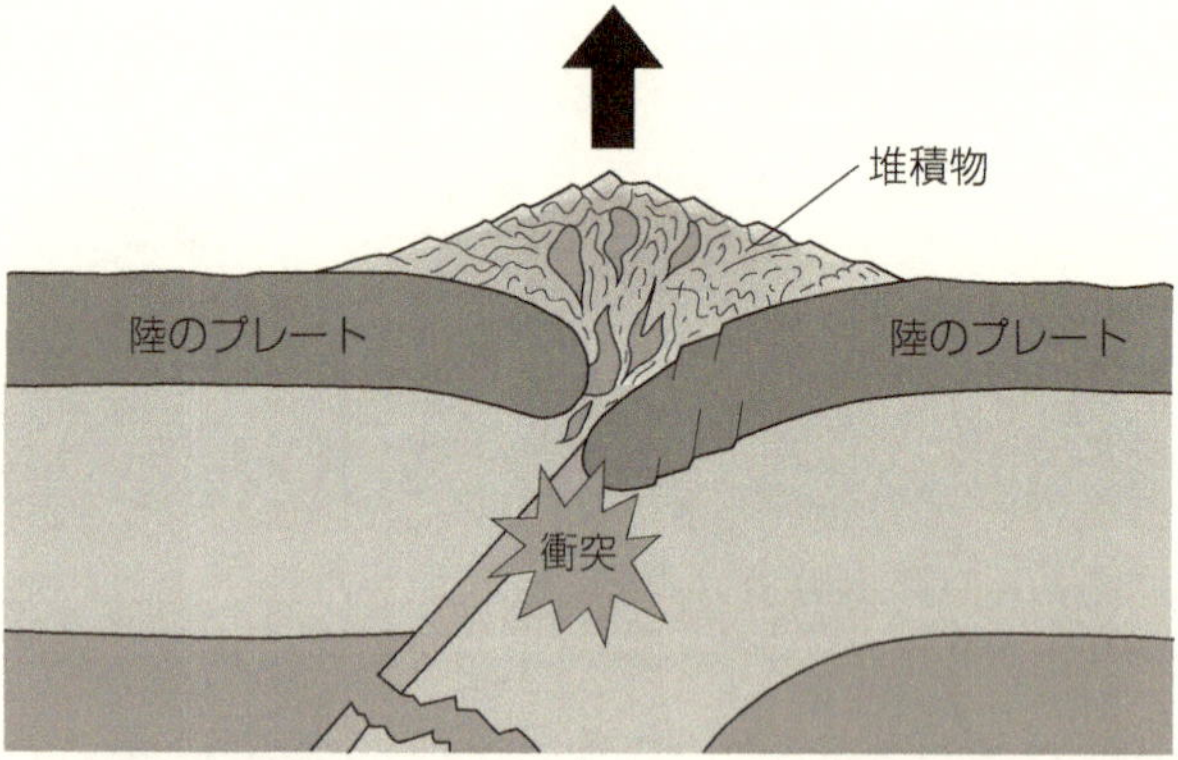

図6-8［**大陸の衝突**］陸のプレートどうしが出会った場合は、互いに軽くて沈み込めないために衝突が起こり、ヒマラヤのような巨大山脈が形成される

る過程で、アフリカ、南米などが南極から次々と離れて北へ移動していきます。インドはかなり遅れて、そして最後はオーストラリアが、北上を開始します。インドやオーストラリアを北へ運ぶのは、インド・オーストラリアプレートです。

インドがユーラシア大陸に近づいたときから、ヒマラヤ山脈ができる前兆となる現象が海の中で始まります。そこには、現在では陸上の断層となっている海溝がありました。「継ぎ目」という意味でスーチャー（Suture）と呼んでいます。たとえばフィリピン海プレートのスーチャーはJR御殿場線に沿った地域にあります。このスーチャーに、さまざまな堆積物が集まります。インド・オーストラリアプレートの上にあった堆積物のほか、アジア大陸からもたらされた堆積物もたまります。インド亜大陸はこれらの堆積物を押し上げながらユーラシア大陸に近づいていき、堆積物の付加が起こります。スーチャーは堆積物の埋積と付加によって浅くなり、ついには海面より高くなって陸になります。

やがてインド亜大陸はユーラシア大陸に衝突し、ヒマラヤ山脈の形成が始まります。4300万年前以降のことと考えられています。

前述した付加体による山の形成と、大陸どうしの衝突による山の形成は、堆積物が付加体となって陸になるまでは同じです。違うのは、大陸は軽いためにプレートのように海溝に沈み込めず、ついにはもう一方の大陸とくっついてしまうということです。

このとき大陸と大陸の間にある堆積物も地下にはいけず、すべて上へ上へと押し上げられます。海溝はインド亜大陸自身が埋めてしまうので、大陸どうしがくっつく前に海はすでに浅くなっています。そこにたまる浅海堆積物がすべて押し上げられるのです。押し上げられた堆積物は、はじめは水平に堆積しますが、次々と押されているうちに傾いていき、ついにはほとんど垂直にまでなります（図6‐8）。

このような過程で堆積物がどんどん垂直に積み重なり、ついにはエベレストを頂点とする巨大なヒマラヤ山脈が形成されたのです。

エベレストの頂上近くにはアンモナイトの化石を含む地層や、ナノプランクトンの化石を大量に含む「イエローバンド」と呼ばれる地層があります。高度6000mのところには、アンモナイトの化石でできた壁があることがよく知られています。なぜこんな高いところにアンモナイトが？　と驚いた人もいるかと思いますが、それはいま述べたような理由からなのです。ヒマラヤ山脈形成におけるこうしたダイナミックなプロセスは、いかにも造山運動というにふさわしいものです。ユングフラウやアイガーなどの山々を擁するヨーロッパのアルプス山脈も同様に、ユーラシアプレートに北上したアフリカプレートが衝突してできたものです。

これらの場合は大陸が衝突すればそれで終わりですが、日本の丹沢山地が形成されたケースは、もう少し事情が異なります。衝突が1回ではなく、何度も同じところで多重衝突が起こったのです。木星にシューメイカーレビーという彗星が9回衝突したようなものです。

いまから5000万年ほど前、フィリピン海に形成された小大陸（古伊豆・小笠原弧）は、1700万年前ころからフィリピン海プレートに乗って北上し、本州への衝突を開始します。この衝突で、まず富士川の上流に分布する御坂層群などができました。衝突はさらに北から南へ次々と繰り返され、櫛形山《くしがたやま》、金峰山《きんぷ》の花崗岩などの山ができました。そして、いちばん南にあたるのが、伊豆半島です。伊豆半島ができる前の衝突で山になったのが丹沢山地です。本州に衝突した伊豆半島は、実は現在も「北上」を続けていて、山を造っているのです。丹沢山地などを形成したこれらの衝突は、ヒマラヤの衝突のミニチュア版と考えられています。

日本列島におけるこのような衝突現象はジュラ紀の頃までさかのぼることができ、西南日本でも南海トラフに沿って付加体ができ、営々と陸地が広がっていきました。これらの衝突は、太平洋プレートとその前身のイザナギプレートや、その後にできたフィリピン海プレートによって引き起こされたものです。

なお、ジュラ紀以前にも日本で付加や衝突が起こっていたことが、古い地層からわかっています。日本にはカンブリア紀以降の地層も残されているのです。ただし当時の日本がどこにあったかに関してはさまざまな意見があります。いずれは先カンブリア時代の大陸の研究から明らかにされるでしょう。

▲大陸は「寄木細工」

ところで北米大陸や中国大陸は、実はいくつかのやや小さめの大陸の寄せ集めであることがわかっています。それらはあまりにも規模が大きいために、地上からはとうてい全貌を見渡すことができませんが、アラスカの山地を上空から観察すると、大きな地質のブロックが褶曲や断層によって寄せ集まっているのがよくわかります。これらの地質帯は小さなものでは日本列島くらいの大きさがあります。平面図に描いてみると、同じような地質学的性質を持ったブロックが無数に並んでいるのがわかります。まるで寄木細工のようです（図6－9）。

北米大陸とはそのような大陸が寄せ集まってできたもので、だからアメリカ合衆国は「United

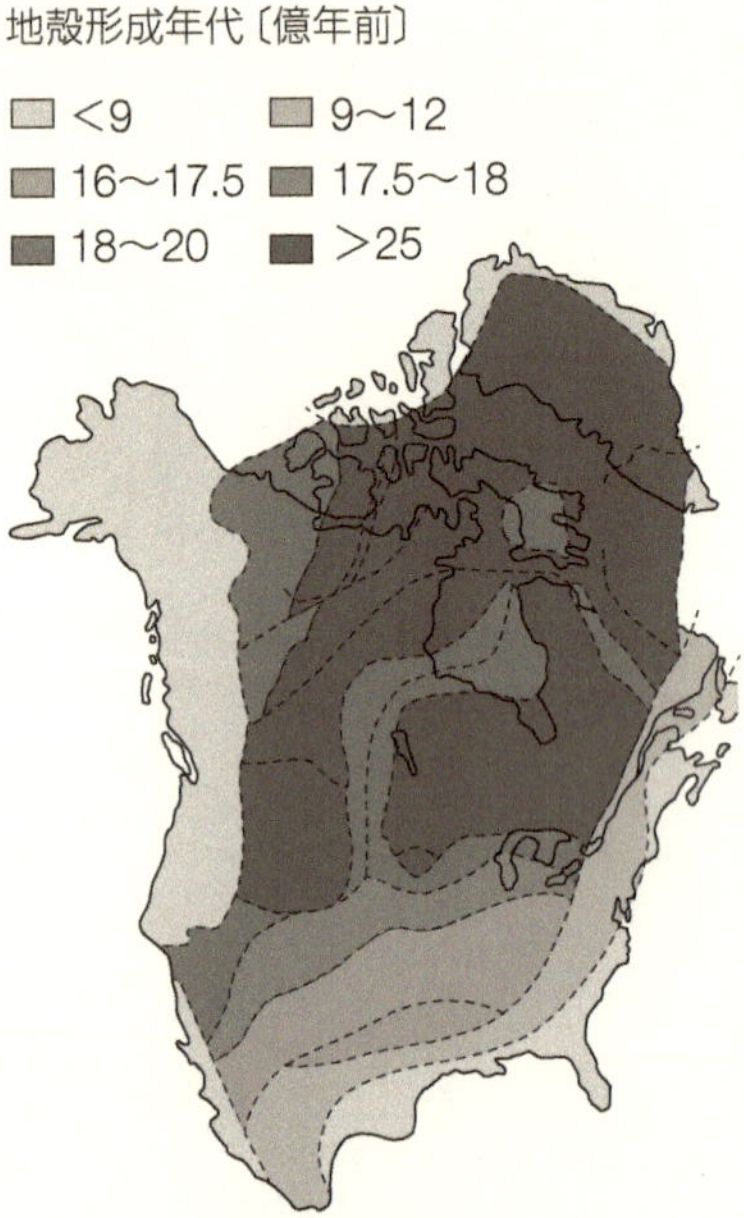

図6-9［**北米大陸の年代**］古い大陸の周囲を新しい大陸が取り巻いて成長している

States of America」というよりも「United Plates of America」であるという研究者もいます。「アメリカ合板国」とでもいうのでしょうか、言いえて妙だと思います。北米大陸の一番中心にあるスペリオル区（プロビンス：Province）はいまから33億～23億年ほど前にできたもので、その周辺には19億～16億年ほど前の大陸があります。その外側にはグレンビル区の約10億～8億年前の大陸、さらにアパラチア区の約4億～1・8億年前の大陸という具合に、外側に向かうほど若くなって、中央のスペリオル区の大陸を取り巻くように分布しているのです。なお、同じような構造は中国やユーラシア大陸にも見られます。

このような例を見ると、大陸が超大陸にまで成長していくプロセスが理解できます。最初は小

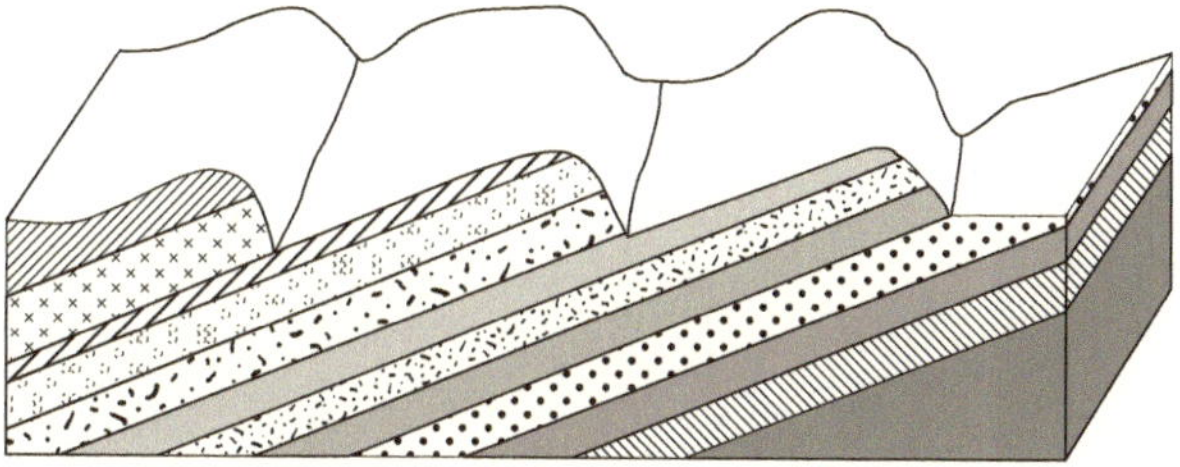

図6-10［風化と浸食としてのケスタ］
地層の段階的な浸食によってできる階段状の構造。硬い砂岩は残りやすいためにこのような構造ができる

さな島であったものが、衝突によって合体して少し小さめの大陸となり、それらが衝突合体してさらに大きな大陸になり、最後にはすべての大陸が合体して超大陸ができるのです。

そのほかの作用による山の形成

(1)風化や浸食による山の形成

風化や浸食とは、本来は山を壊す作用です。しかし、浸食を受けなかったところが残って、逆にそこが山になることがあります。これはある意味で地形の逆転現象といえるでしょう。このようなことが起こるのは、硬さが違うため風化や浸食に対して違った抵抗力を示す岩帯や岩体が、近い場所で接している場合です。たとえば砂岩と泥岩、あるいは溶岩と火山灰などのように硬さの異なる岩石の組み合わせです。パリ盆地にあるケスタという地形はこの典型で、山にはなっていませんが泥岩から成る部分が軟らかいために削られ、砂岩から成る部分が硬いために残って、階段状の地形をつくっています（図6－10）。

(2) 氷河とアイソスタシー

アルプスやヒマラヤなどの高い山には広大な氷河が見られます。南極やグリーンランドには氷床が存在します。もともと氷河というのは雪が固まって氷になったもので、通常、冬の間に雪がたくさん降っても、翌年の夏には溶けてしまいます。しかし夏でも温度が低い場所や温度が下がった場合は、雪は溶けずに残ります。雪が積もって30m以上の高さにまでなると、その圧密で氷へと変化します。一種の変成作用といえます。高い山や極地方ではこのようにして氷河が形成されます。

氷河は高い山から斜面を滑って、最後は海へと運ばれます。その際に周辺の岩石などを削り取って、氷河自身の中へ取り込んでいきます。このときの削り残りが山になるのです。氷河が通ったあとの谷はU字谷になり、通常の河川がつくる谷がV字谷であるのと区別されます。氷河の谷は河川の谷に比べて、なんとなくやさしい感じがします。飛行機でヒマラヤやアルプスの上空を飛んでいるとき、眼下の風景を眺めると山頂から白い氷河がさまざまな方向へと流れ下っているさまが見られます。

いまから200万年ほど前から、地球は寒くなって氷河時代に入りました。そして1万8000年ほど前には、北半球の広い地域が氷河に覆われていた時期がありました。最後の氷河ができたのはこの時期です。しかし、やがて気候が温暖になって氷河は溶け出します。いまから600

図6-11［アイソスタシー］水に浮く氷は水面に出ている部分が大きければ、水面下にある部分も大きい

0年ほど前、日本では縄文時代の頃には、地球が暖かいので氷が溶けて、海面は上昇しました。

広大で厚い氷河がなくなったこのときに、氷河に覆われていた地域はいっせいに隆起を始めました。これは「アイソスタシー」という現象によるものです。

アイソスタシー（Isostasy）は「地殻平衡」ともいわれ、質量に関係した言葉です。地球の表層、とくに地殻はその下にあるマントルに浮かんでいるという考えを指しています。地球上でもっともありふれた岩石は花崗岩と玄武岩とかんらん岩で、密度はこの順番に大きくなることは一合目で述べました。アイソスタシーでは、山をつくっている物質、とくに密度の小さな花崗岩や堆積岩は、マントルを構成しているかんらん岩の上に浮いていると考えるのです。

山が高いほど、その地下にある物質も深くにまで存在することになります。このことは水に浮かべた氷を思い出せばわかるはずです（図6－11）。氷は水面より上に出ている部分が大きいほど、水面下の部分も大きくなります。これは水面の上と下で氷の質量と浮力がつりあっているということです。

同様のことが山にもあてはまるというのがアイソスタシーの考え方です。もし山が削られれば、削られた分だけ補うように地下に隠れた部分が上昇して、山は高くなるのです。地上と地下の質量がつりあうように再編されるからです。アイソスタシーは山が高くなる原因と考えられていて、スカンジナビア半島では氷河のあとの隆起が現在でも続いています。ひとりでに地面が上昇する、不思議な話です。

(3)泥火山

これは名前のとおり、泥でできている山です。地下深くに閉じ込められていた泥が、地表とつながった通路ができると圧力が低下して、地表へと噴出します。そして火山の溶岩と同じように火口から流れだします。それがまるで火山の噴火のようなので、できた山を「泥《どろ》火山」といっているのですが、いわゆる火山とは少し異なります。

ロシアでは黒海の周辺のアゼルバイジャンなどに、地下深くに水とメタンからできたメタンハイドレートを含む地層があります。そこでは堆積物の内部圧が高くなっていて、地表との圧力差ができたときに周辺にある泥が噴出します。場合によってはかなり勢いが強く、温度もやや高いためにこれも泥火山と呼ばれています。泥はメタンガスを多量に含むために、火がつくこともあります。また、パキスタンのマクランという付加体には高さ３００ｍにもなる泥火山があって、しばしば噴火しています。

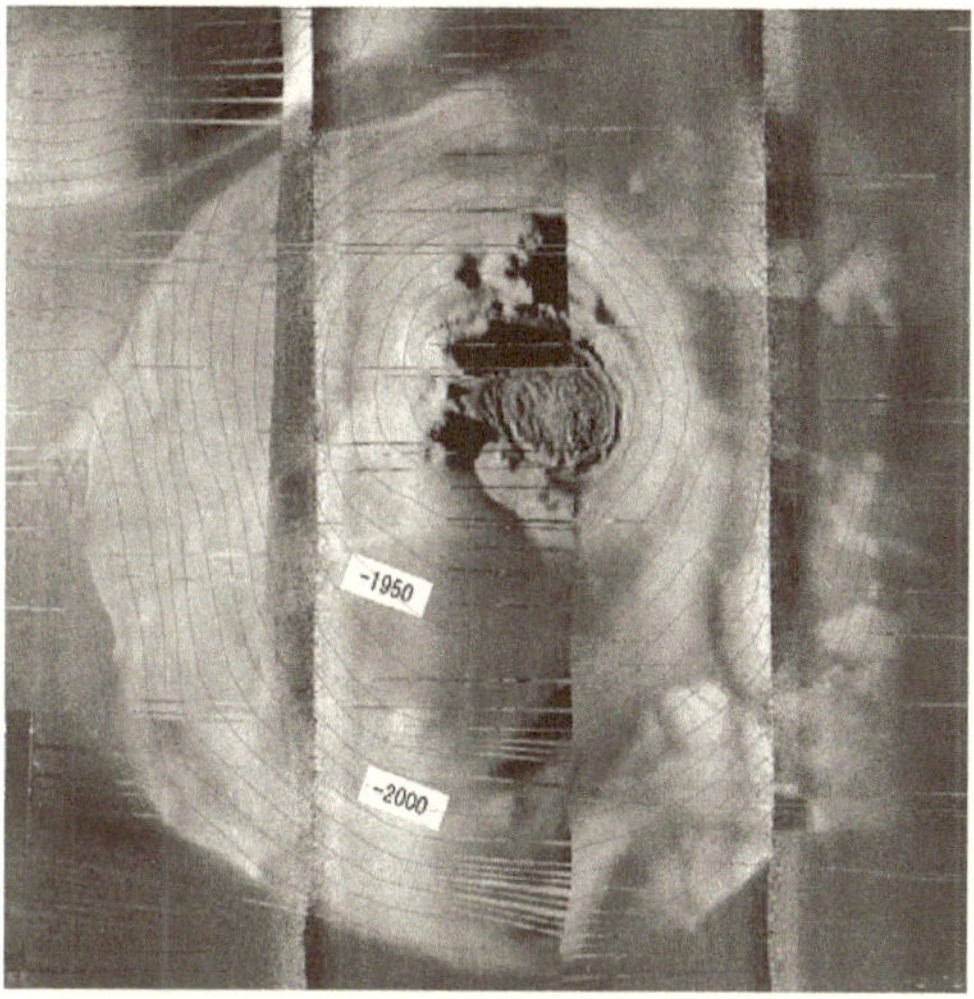

図6–12［**泥火山**］水を多く含んだ泥が地下から噴き出して山をつくったもの（熊野海盆）

日本では陸上には活動的な泥火山はありませんが、「化石」としては残っているようです。秋田県の後《ご》生《しょう》掛《がけ》温泉には火山の周辺に変質した泥が噴出して、泥の山をつくっていたことがわかります。別府の坊主地獄も、一種の泥火山だったといえます。しかし日本列島周辺の海底には、泥火山がたくさんあるようです。南海トラフにある熊野海盆には直径１㎞以上、高さ１００ｍ以上の山があります（図６－12）。山頂には小さな火口のような孔があって、そこからいろいろな方向へ向かう泥の細い流れが見られます。これは無人探査機「うらしま」によって発見されました。この山は、流れ出した泥からできています。泥が数えきれないほど流れてはたまっていき、ついには山をつくったのです。

「そのほかの作用」としてここで紹介した風化や浸食、氷河とアイソスタシーや泥火山による山の形成にも、プレートテクトニクスが関係しています。

プレートは大陸を移動させますが、海洋にも影響を及ぼします。複数の大陸が緯度を変えて移動するために、海流が変化するのです。その結果、地球上の大陸や海洋の分布が変わり、地球の気候条件が変動します。そして風化や浸食、氷河は、気候条件に大きく左右されています。

アイソスタシーにおいては、沈み込むプレートが地下に軽い物質を運び込んで地下の質量が変化するために、堆積物を上昇させ、山をつくります。泥火山も同様に、地下にガスに富んだ泥を形成するためにそれが噴き出す現象ですから、やはりプレートの運動が関係しているのです。

次の七合目ではもうひとつの山をつくる作用、火山活動を見ていきます。

七合目

山はこうしてできる

②火山活動

山ができる理由のうち、火山活動だけを別の章にしたのは、山の多くが火山であり、その山体の様子も多岐にわたるからです。

火山活動でできた山には、優れた景観を持つものが多く見られます。噴火という人間にとってはきわめて危険な活動によってできた山でも、その美しさに変わりはありません。

▲成層火山のでき方

火山はその山体の形状から、成層火山、盾状《たてじょう》火山、カルデラなどに分類されます。日本では、富士山をはじめとして、火山の多くは成層火山です。

成層火山とはその名のごとく、層を成している山です。「ちりも積もれば山となる」のたとえよろしく、さまざまな火山活動の結果もたらされた噴出物が、積み重なって山になったものです。そのために山体の断面が見られる場所では、何枚もの溶岩や火山灰の積み重ねが観察できます。それらは一度の噴火でできることもありますが、ほとんどの場合、何十年にもわたって繰り返された噴火の産物です。

日本に成層火山が多い理由は、複数のプレートが連続的に沈み込んでいることにあります。沈み込むプレートから放出された水が周辺のマントルに供給されるために、岩石が溶けやすく、マグマができやすくなります。したがって噴火が何度も繰り返されるのです。水がたえず供給され

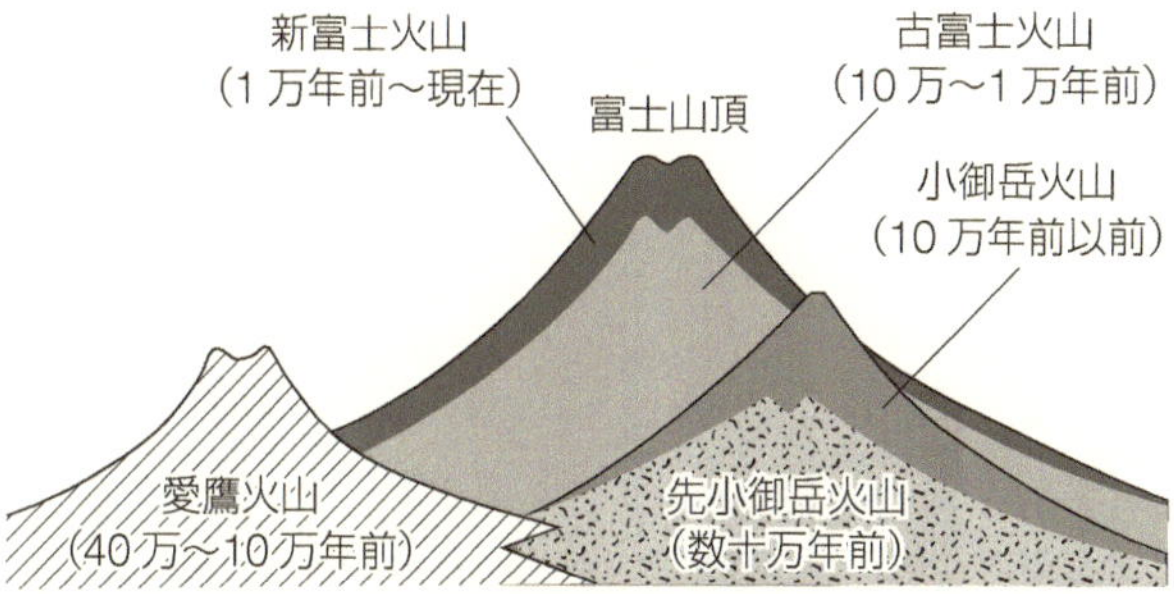

図7−1 **［富士山の４階建て構造］** 現在の富士山の下には３つの古い火山が隠されている

ることで、粘性の高い安山岩や石英安山岩のマグマが形成されることも特徴です。

成層火山のように複数回の噴火からできた火山を複成火山といい、これに対してたった1回の噴火でその活動が終わってしまう火山を単成火山といいます。両者の違いは活動期間の長さのほかに、山体の大きさにも見られます。単成火山では爆発的な噴火が起こることもありますが、大きな高い山はできません。成層火山などの複成火山は、たとえ溶岩の粘性が低く一度の噴火での爆発力は小さくても、度重なる噴火によって溶岩が積み重なり、高い山となるのです。

では富士山を例にとって、成層火山についてもう少し見ていきましょう。

▲「繰り返し」から生まれる美しさ

東京大学地震研究所の津屋弘逵《ひろみち》教授は、生涯をかけて富士山全体の地質図を一人で作成しました。1968年のことでした。火山だけに限らず地質学界には、いったん権威ある研究者が地質図を作ると、以後はその人が亡くなるまで誰も更新できないような風潮がありました。たとえば箱根の地質図も東京大学の久野久教授が1934年に作って以来、改変されるのは今世紀に入ってからです。

しかし2006年ころから、産業技術総合研究所が新しい富士山の地質図を作成しようと調査を続けています。さらにボーリング調査などによってデータがふえてきた成果として、富士山はその山体の下に隠れた山体が3つもあることがわかってきたのです。

富士山は、数十万年前にできた先小御岳火山、10万年前以前にできた小御岳火山、10万～1万年前にできた古富士火山、そして現在の新富士火山という4つの山からできています。鎌田浩毅《ひろき》さんはこれを「4階建ての構造」と表現しています（図7-1）。

また、産業技術総合研究所の研究では、富士山の噴火の歴史を次のように分けています。

（1）古富士火山の噴火（約10万年前～紀元前約1万7000年）

（2）新富士火山の噴火（紀元前約1万5000年～1707年）

さらに、（2）の新富士火山の噴火は、次の4つに分かれます。

①旧期（紀元前約1万5000年～紀元前約5000年）

②中期（紀元前約4000年～紀元前約1600年）

③新期前半（紀元前約1600年～紀元前約200年）

④新期後半（紀元前２００年〜１７０７年）

したがって富士山の噴火史は５つの時期に分けられることになります。富士山の前身（先小御岳火山と小御岳火山）は約10万年前から活動を開始しました。古富士火山は約２万年前から活動を始めました。

富士山は主に溶岩と火山灰でできています。古富士火山と新富士火山は玄武岩からできていますが、先小御岳火山と小御岳火山は安山岩からできています。

富士山には貞観の大噴火（８６４〜８６６年）と宝永の大噴火（１７０７年）という２つの異なった活動様式をもつ大噴火が知られています。

貞観の大噴火は山頂から溶岩が大量に流れ出て、主に富士山の北へ流下して「せのうみ」（せの湖）をせき止め、自殺で有名な青木ヶ原や竜ヶ岳の麓の平坦面を形成しました。富士山周辺の地形が平坦なのは、この粘性の低い溶岩が広がったからです。もちろん当時は樹海などもまったくありませんでした。樹海が形成されたのはこの噴火から半世紀ほどあとのことです。

宝永の大噴火では、山頂ではなく五合目くらいにある現在の宝永山から爆発的な噴火が起こり、火山灰を主に東側の地域に撒き散らしました。新井白石の『折たく柴の記』には、まず白い灰が降ってきて、それがやがて黒い灰に変わったとあります。「此日（23日）午の時（正午）雷音、白灰降る、草木もみな白色となる。空暗く、燭をともして講義、戌の刻（午後八時）降灰止む。25日夜また灰大量に降る、この後も黒灰が降る。12月9日に至って雪振る。この頃人びとはのどをいため、せきに苦しむ」。最初は流紋岩質の白い火山灰が降って、その後、黒い玄武岩質の噴火に変わったのです。この爆発的な噴火で江戸にもかなりの厚さの灰が積もり、人々がのどを痛めたようです。

富士山の例のように、成層火山は異なった様式の噴火が度重なって、その結果として溶岩や火山灰などの噴出物がちょうど塵が積もるように積み重なり、大きな山になっていくのです。このような火山活動を起こすもとになるのはマグマであり、マグマをたえず生み出しているのが沈み込むプレートからもたらされる水なのです。

日本だけではなく、世界でも多くの火山が同じようにして形成されました。成層火山は山をつくる火山活動としてはもっとも基本的でわかりやすいものです。そして幾重にも噴出物が積み重なることで、富士山のような美しい山ができるのです。

▲噴火のしかたで変わる形

火山にはいま述べた成層火山のように大きな山体をつくるものから、みなさんの家の近くの小さな単成火山までさまざまな種類がありますが、共通していえるのは、火山岩のもとになる高温で流体状のマグマが形成され、それが地表に出てきたり、地下に貫入したものがのちに浸食・削《さく》剝《はく》によって噴出したりするということです。マグマは地下深くの高温・高圧の条件下で形成され、地表までさまざまな方法で移動してきます。

あらためて説明しますとマグマとは、岩石がその融点より温度が高くなった場合に、岩石中の溶けやすい成分が溶けてできる液体と固体の混合物、または液体の集合物です。ちょうどご飯粒が残っているおかゆのようなものです。マグマは周辺の岩石より密度が小さい（軽い）ので、地中を上昇しようとします。上昇して周辺の岩石と同じくらいの密度になると、空間にたまって「マグマだまり」というものをつくります。さらに、割れ目などの通路がつながっていると地表まで上がってきます。地表に出てくるときは、圧力の低下や温度の減少にともなって、マグマはさまざまな形態をとります。溶岩流、火山灰、噴石、なだれ、火砕流、泥流などです。これらマグマの噴出様式の違いによって、違った形の山が形成されるのです（図7－2）。

粘性の低い（さらさらした）マグマは、ハワイの溶岩のように静かに流れます。それはまるで川の流れのようです。このようなマグマによってできる火山は傾斜がなだらかで、広い面積を占める扁平な山体になります。これは盾状火山と呼ばれます。一方、粘性の高い（ねばねばした）マグマは、浅間山の溶岩のようにがさがさの岩の塊として、流れるというより押し出されるように移動します。マグマの中に溶けていたガスなどの揮発性成分は、圧力の低下にともなって膨張し、爆発的な噴火を起こすこともあります。その場合には、岩塊が飛んできたり、灰が飛んでき

噴火の様式	アイスランド式	ハワイ式	ストロンボリ式	ブルカノ式	プリニー式
噴火の特徴	広域の割れ目から、粘性の低い流動的溶岩を大量に流出	山頂や山腹の割れ目から、粘性の低い流動的溶岩を流出	火口から比較的粘性の低い溶岩や灼熱したスコリアを噴出	火口から高圧の火山ガスによる爆発で粘性の高いマグマや火山灰を噴出	長い休止期の後にきわめて激しい爆発。火口から大量の軽石や火山灰を噴出
火山の例	●ラキ(アイスランド、1783) ●アスキラ(アイスランド、1961)	●キラウエア(ハワイ、1983〜) ●マウナロア(ハワイ、1984)	●ストロンボリ(イタリア) ●伊豆大島(1986〜87)	●ブルカノ(イタリア、1888〜90) ●桜島	●セントヘレンズ(アメリカ、1980) ●ピナツボ(フィリピン、1991)
火山体の例	溶岩台地	盾状火山	成層火山、スコリア丘	成層火山、溶岩円頂丘	成層火山、カルデラ
火山のようす	穏やかな噴火溶岩流が多い ←				→ 爆発的な噴火火山弾・軽石・火山灰が多い
マグマ 種類	玄武岩 ←		玄武岩質〜安山岩質	安山岩質	→ デイサイト質〜流紋岩質
マグマ 粘性	低い(シリカ少ない) ←				→ 高い(シリカ多い)
マグマ 温度	高 ←	1,200℃	1,100℃	1,000℃	900℃ → 低

図7-2　噴火の形態

たりします。また、噴出物がそのまま山を高温・高速でなだれ下る火砕流や、水と一緒になった泥流などとしても現れます。山体はまんじゅうを伏せたように盛り上がった形になります。

阿蘇山（熊本県）は溶岩の粘性がきわめて高い火山です。約30万年前から約9万年前までに大規模な噴火を4回繰り返していて、それらはAso-1～Aso-4と呼ばれています。とくにAso-4の際には、火山灰がなんと太平洋のはるか沖、2000㎞も東のシャッキライズという海台まで飛んでいることがわかっています。阿蘇山ではこの噴火によって、地下にあった物質がすべて吐き出されてしまった結果、地表が陥没して大きな凹地ができました。これがカルデラです。阿蘇山は日本でもっとも大きなカルデラの一つです。

これらの火山をつくる噴火は、山が人間にもたらす最大の脅威であることも言うまでもありません。とくに火砕流の猛威は、これまでに浅間山の吾妻火砕流や、雲仙普賢岳の火砕流が知られています。雲仙普賢岳の火砕流では、フランス人の火山学者が亡くなりました。

その200年ほど前には、同じ雲仙の眉山が崩壊して、なだれとなって有明海に突入し、対岸の熊本に大きな津波の被害を発生させました。有名な「島原大変肥後迷惑」と呼ばれる災害ですが、これが岩屑なだれです。噴火によって山体が崩壊して、岩の塊が高速で流下するのです。1783年、浅間山の天明の大噴火で、おばあさんをおんぶした女性が逃れきれずに岩屑なだれに巻き込まれ、鎌原観音堂へ上る石段で遺体が発掘されたことは有名です。

▲火山島をつくるホットスポット

何枚ものプレートが沈み込む日本でマグマが大量にできることを見てきましたが、地球全体に目を向ければ、マグマができるところとしては海嶺、ホットスポット、スーパープルーム、島弧などに分かれます。それ以外の、たとえば日本海溝の海側の太平洋プレートでできるプチスポットでもマグマは形成されますが、大部分は先にあげた4つの場所でつくられています。ここではホットスポットがつくる火山島について見ていきましょう。

日本から東へ飛び立って最初にたどり着く陸地はハワイです。成田から約6000㎞を飛んでホノルルへ、そこで国内線に乗り換えてハワイ島へ向かうと、火山島が次々と眼下に現れます。おもに8つの島からなるハワイ諸島です。それらは西北西に向けて、きれいに一列になって並んでいます。島の大きさは東端のハワイ島が群を抜いて大きく、それより西北西へ行くほど少しずつ小さくなっていきます。そして島の中にある山の高さも、だんだん低くなります。なぜこのような規則正しい島の列ができるのでしょうか。

実はハワイの島々の列は、年代順に並んでいます。もっとも若く、火山活動が活発なのがハワイ島で、隣のマウイ島は80万~100万年も年代が古くなり、さらに北西のオアフ島になると約300万年ほど前になってしまいます。不思議なことにハワイ島内でも北西方向へ行くと火山活動が不活発になり、山には草や木が生えています。そして地質の年代も50万年ほど古くなります。

このようにハワイ島からの距離と年代はきれいな直線の関係にあるのですが、こうした地形は、そこに「ホットスポット」が存在することを示しています。

ホットスポットという言葉はいまでは日常的に「人気のある場所」といった意味でも使われるようになりましたが、地球科学の世界ではマントルの深部、つまりプレートの底よりも深いところにある、つねに大量のマグマを供給できる場所のことをいいます。ハワイ島の地下にもホットスポットがあり、たえずマグマが形成されています。マグマは地下60㎞くらいのところでマグマだまりをつくり、地表へ出て火山を形成します。（図7－3）。

火山島はプレートに乗って移動しています。しかしホットスポットはプレートより深いので、その移動とは関係なく同じ場所にあります。年代がたてば島は北西へ移動していきますが、ホットスポットの位置にはつねにマグマが供給されるので、そこには次の新しい火山島が形成されます。こうして、島が移動しては次々に新しい島ができるため、きれいな列ができるのです。当然、島の年代は北西へ進むほど古くなります。

ホットスポットの軌跡は、プレートが過去にどのように動いたのかを示すプレートの軌跡でもあります。ハワイ島から連なる海山の列は、北緯30度近辺で北北西へと方向を変えて天皇海山列

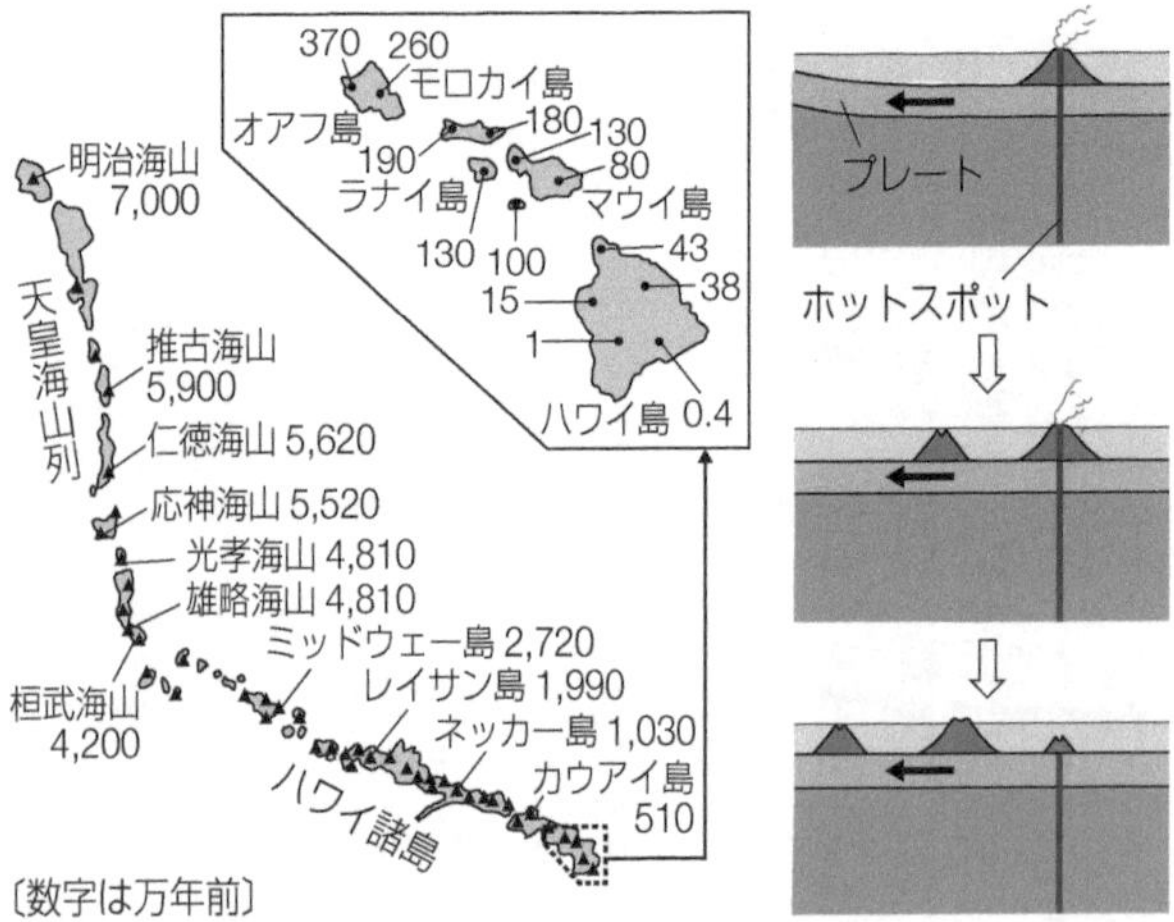

図7-3　ハワイ島と天皇海山

という列になり、カムチャッカ半島まで続いています。このハワイから天皇海山列への屈曲は、太平洋プレートが移動の方向を変えたことを示しているのです。その年代はおよそ4300万年前です。

ハワイのようなホットスポットは世界中にあります。「板いづる国」として紹介したアイスランドにもあります。ラキ（1725m）は1783年の噴火でつくられた火山です。「ギャオ」と呼ばれる巨大な大地の裂け目から、ホットスポットからの大量のマグマが噴出されました。ハワイによく似た、比較的粘性の低いさらさらと流れるマグマです。このとき大量のスコリアや火山灰も放出したため、気候変動が起きて飢饉が発生したと考えられています。アイスランドはプレートを生む海嶺であり、マグマを生むホットスポットでもあるのです。

ダーウィンの進化論で有名なガラパゴス諸島もホットスポットです。線状に並んだ海山の列があればホットスポットのしわざと考えてよく、ライン諸島などはまさにその名のとおり1本の線のように並んでいます。ハワイと同様に島ができては移動していくからです。

▲巨大地形をつくるプルーム

通常、火山島ができるまでには、陸上の火山よりもかなり時間はかかります。ハワイでいえば周辺の海底の水深5000mの深さから島になるまでの時間が必要になるわけです。それは100万年といったオーダーの時間です。陸上の火山の年代が数十万年であるのと比べて、ひと桁大きいようです。時間がかかる理由に、マグマ水蒸気爆発があります。溶岩が海面近くにまで顔を出すと水圧の関係で爆発が起きるため、島ができかけたそばから吹き飛ばされてしまうのです。

ところが、ハワイでマウナケアの次に高いマウナロア（4170m）は、かなり短い時間でできたことが知られています。ハワイ島のもっとも西にある火山の年代がおよそ43万年前なので、少なくともそれよりは若いのです。それほどの速さで爆発を乗り越えて島をつくるには、ひたすら大量のマグマを出していくしかありません。しかも海抜4000m以上、水深まで入れれば9000m以上の山になるためには、恐るべき量のマグマが必要になります。ハワイのホットスポットにそうした膨大なマグマを供給する源泉となっているのが、スーパープルームです。

プルームテクトニクスについては五合目で解説しましたが、プレートテクトニクスを補完するというだけではなく、みずからも巨大な火山や台地などをつくっているのです。

インドのデカン高原は、溶岩が何百枚も積み重なってできた台地です。このような台地は溶岩台地と呼ばれています。そして、このような台地をつくった玄武岩は洪水玄武岩と呼ばれています。まさに洪水のようにマグマがあふれ出していたのでしょう。溶岩の粘性が低いために地形は扁平な台地になりますが、あふれ出た溶岩の量は桁外れに大きく、日本列島が何個もできるほどの量のマグマが短期間に出てくるのです。このような大量のマグマを供給するのがプルームです。

プルームがつくる巨大台地は陸上よりも海底にあるものがよく知られています。オントンジャワ海台（図7－4）は世界最大の海底台地で、その面積は日本の5倍以上もあります。ここには短期間にマグマが次から次へと流出して、あっというまに台地を形成したのです（といっても約100万年ですが）。

すでに述べてきたように、マントル内部の構造は地震波を使って決められます。地震波の速度が周辺に比べて遅いところと速いところがあるからです。地震波の速度が遅くなる原因には温度が高い、水が存在する、マントルの組成が違うなどの可能性がありますが、そのうちもっとも効

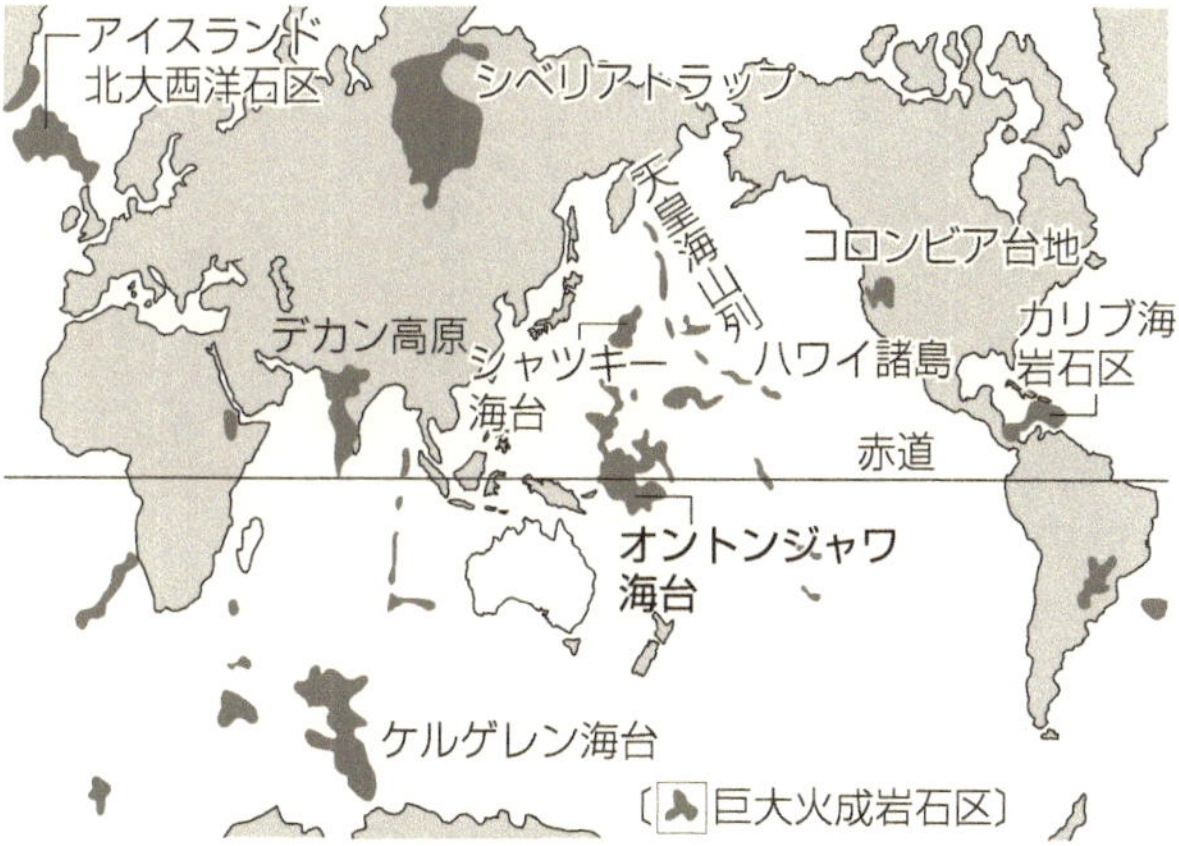

図7−4［**オントンジャワ海台**］パプアニューギニアの近くにある世界最大の海台。100万km³以上のマグマが約100万年間、放出されてできた

いてくるのが温度です。したがって地震波の速度が遅い部分は、周辺に比べて温度が高いと見てよいのです。そのような場所では、広い領域の岩が短時間の間に溶けてマグマとなって上がってくるため、その量がすさまじく、日本列島の何倍分になることも多いのです。このように大量のマグマが上がってくるとき、まるで煙が舞い上がるように見えます。まさに「プルーム」（「舞い上がる煙」の意味）という名の通りの巨大噴火です。しかも、このような噴火が１００万年以上も続くのです。

地表に出てきた大量のマグマは、川に運ばれた土砂がつくる扇状地のように、溶岩の地層をつくります。デカン高原では溶岩流が積み重なった層状構造をつくり、オントンジャワ海台では三角州（デルタ）の断面のような構造をつくっています。これほどのマグマが地下深部から出てくると、地表にある大きな大陸がマグマによって引き裂かれ、分裂を始めます。東アフリカのリフトゾーンはその例です。そして溶岩の中に含まれるガスや火山灰が、毒性のある物質を撒き散らしたり、太陽の光線をさえぎって気候の寒冷化を引き起こしたりします。五合目でも述べたように二畳紀の終わりに起こった地球史上最大の生物の絶滅はこのようにしてできたとも考えられています。

▲島弧と火山フロント

日本列島のような弓形の島の列を「島弧」と呼んでいます。また、島の列をひもでつないだ花に見立てて「花綵《かさい》列島」という美しい言葉で呼ばれることもあります。島弧はその景観も非常に美しいことが特徴です。しかし、地球科学的には島弧は深い海溝と大量のマグマの産物であり、活火山の噴火や地震がつきものです。美しいものには棘《とげ》があるのです。

島弧は海溝に海のプレートが沈み込むところにできます。日本列島の場合は、その東の沖に日本海溝や伊豆・小笠原海溝があり、ここから日本列島の下へ太平洋プレートが沈み込んでいます。日本は「板没する国」なのです。沈み込むプレートは「スラブ」とも呼ばれます。先にも述べたように、スラブの中には水が含まれていて、その水が地下深くで放出され、沈み込まれる側のマントルに供給されます。するとマントルの岩石の融点が下がり、溶けやすい成分が溶け始め

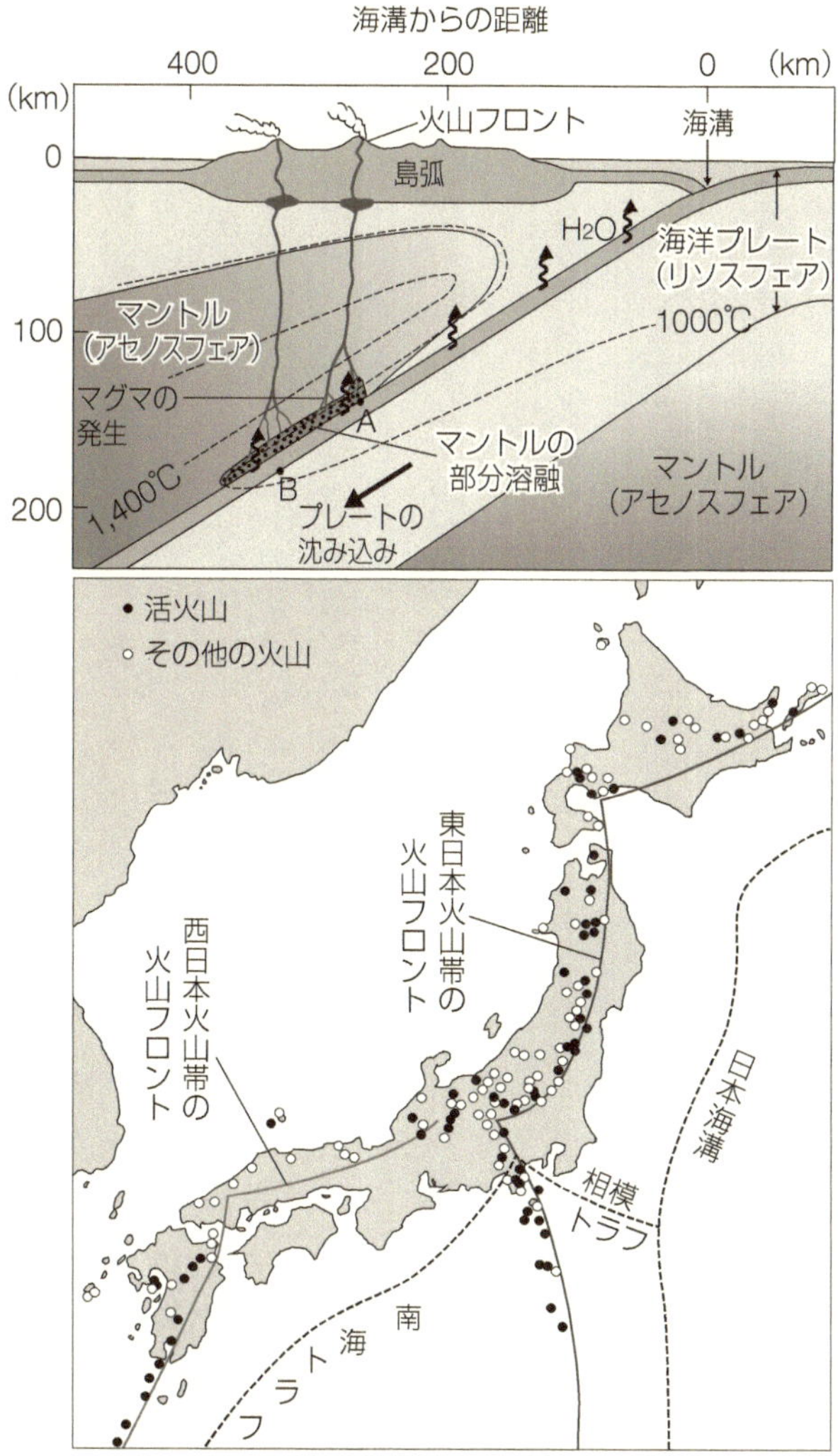

図7−5　マグマの発生（上）と火山フロント（下）

てマグマができます。このとき、地下約110㎞の深さでマントルをつくるかんらん岩がいっせいに溶け出してマグマが形成されるので（図7－5上のA）、地表から見ると1本の線のように見えます。この線を「火山フロント」と呼んでいます（図7－5下）。名づけたのは地質学者の杉村新さんで、気象でいうフロント（前線）と同じ意味合いです。この線より海溝側にはマグマができず、大陸側には火山ができるという境界線で、温暖前線や寒冷前線に似ています。

ただしマグマの形成は地下約170㎞の深さでも起こることがわかっていて（図7－5上のB）、火山フロントとは成分が違うもう一つの火山の列を形成しています。

日本列島には太平洋プレートのほかに、フィリピン海プレートも沈み込んでいて、そこでも火山が形成されています。このように美しくも危険な島弧、日本列島の代表的な3つの火山を見ていきましょう。

▲昭和新山の溶岩ドーム

北海道の有珠《うす》山は世界の「ジオパーク」第1号となった山ですが、その側火山である昭和新山（398m）は、有珠山とともに現在も火山活動が活発です（図7－6）。昭和新山は溶岩の粘性が高いために流れず、地表へ向かって少しずつ上昇し、そのまま盛り上がって溶岩ドームと呼ばれる形状の山になったものです。これは密度の小さい物質が地下から地表へと移動していく過程

図7-6　昭和新山

として、次の八合目で述べる「岩塩ドーム」や「蛇紋岩海山」などと並んで重要なものでした。

１９４３年（昭和18年）12月28日の暮れも近づいた頃に、昭和新山は活動を開始しました。当時、洞《とう》爺《や》湖のある壮瞥《そうべつ》町の郵便局長だった三松正夫は、自宅の庭が毎日少しずつ変化してついに山になっていく経過を観察し、克明に記録しました。簡単なトランシットを用いて測量を行い、山の輪郭が一日一日変化していくさまをダイアグラムに表したのです。これは世界でも例のない火山形成を間近で観察した記録であり、国際火山学会で報告されると「Mimatsu Diagram」（三松ダイアグラム）として有名になりました。その後は現在まで、このような記録はありません。

私は大学1年の夏休みに北海道を旅行したときに昭和新山に登りましたが、すでに噴火から40年もた

図7-7　浅間山

っていたのに、山には草も木も生えていませんでした。それほど火山の余熱が大きかったのでしょう。三松正夫記念館には三松ダイアグラムの実物が展示されていて、これを見るとまさに命がけの観測だったことが伝わってきます。

▲浅間山の「鬼押し出し」

浅間山（2568m）は複数のカルデラを持つ成層火山で（図7-7）、気象庁から「100年活動度または1万年活動度が特に高い活火山」のランクAに指定されています。その最大の特徴は、火砕流や岩屑なだれの発生でしょう。1783年（天明3年）の「天明の噴火」では鎌原岩屑なだれが発生して鎌原村が完全に埋もれてしまいました。前述した観音堂で女性2人の遺体が発見された災害です。火山灰や火砕流が利根川をせき止めて、それが決壊し

図7-8　桜島

て大洪水を発生させました。また、「鬼押し出し」と呼ばれる巨大な溶岩の塊が多数ある場所が公園になっていますが、これも溶岩流の一つの形態です。きわめて粘性が高いというより、まったく流れない溶岩が、流れるのではなく文字通り押し出されたのです。日本の火山は総じて溶岩の粘性が高く、こうした浅間での噴火と様式が似ています。

▲桜島のカルデラ

桜島は溶岩、火山灰、火砕流などの積み重ねによってできた成層火山です（図7-8）。そして桜島のある鹿児島湾そのものが「姶良《あいら》カルデラ」と呼ばれる大きなカルデラなのです。その名のとおり、もともとは島だったのですが、1914年（大正3年）の噴火で陸続きになりました。桜島の溶岩は火山の中でもっとも研究が進んでいます。火山噴火の予知に関しても、有珠山と並んでもっとも進んでいるのではないかと思われます。

桜島火山の噴火史は古期北岳、新期北岳、南岳の3つに区分され、2万2000年ほど前から古期北岳が活動を開始しました。新期北岳は1万1000年ほど前から4500年前まで活動しました。4000年前頃から南岳が活動を始めています、歴史時代の和銅元年（708年）から数多くの噴火の記録があり、なかでも代表的なのが、天平宝字～天平神護（764～766年）、文明（1471～1476年）、安永（1779～1781年）、大正（1914年）、昭和（1946年）の噴火です。

四合目で紹介したアーサー・ホームズの『一般地質学』には、1914年の噴火の火山灰で埋まった学校の写真が掲載されています。桜島は山体の周辺に傾斜計や温度計、地震計などがはりめぐらされて噴火直前に起こる物理現象がモニターされていて、いつ噴火するかがかなり正確に予測できるようになっています。そのため世界中の火山学者から注目されている火山なのです。

日本の火山は粘性が比較的高い安山岩や、さらに粘性が高い石英安山岩や流紋岩などでできたものが圧倒的に多いのが特徴です。それに比べて海嶺やホットスポット、スーパープルームなどでは玄武岩が圧倒的に多いようです。このような岩石の種類の違いは、岩石のでき方や、マグマの源となる場所などの違いを反映し、山体の違いをもたらしています。

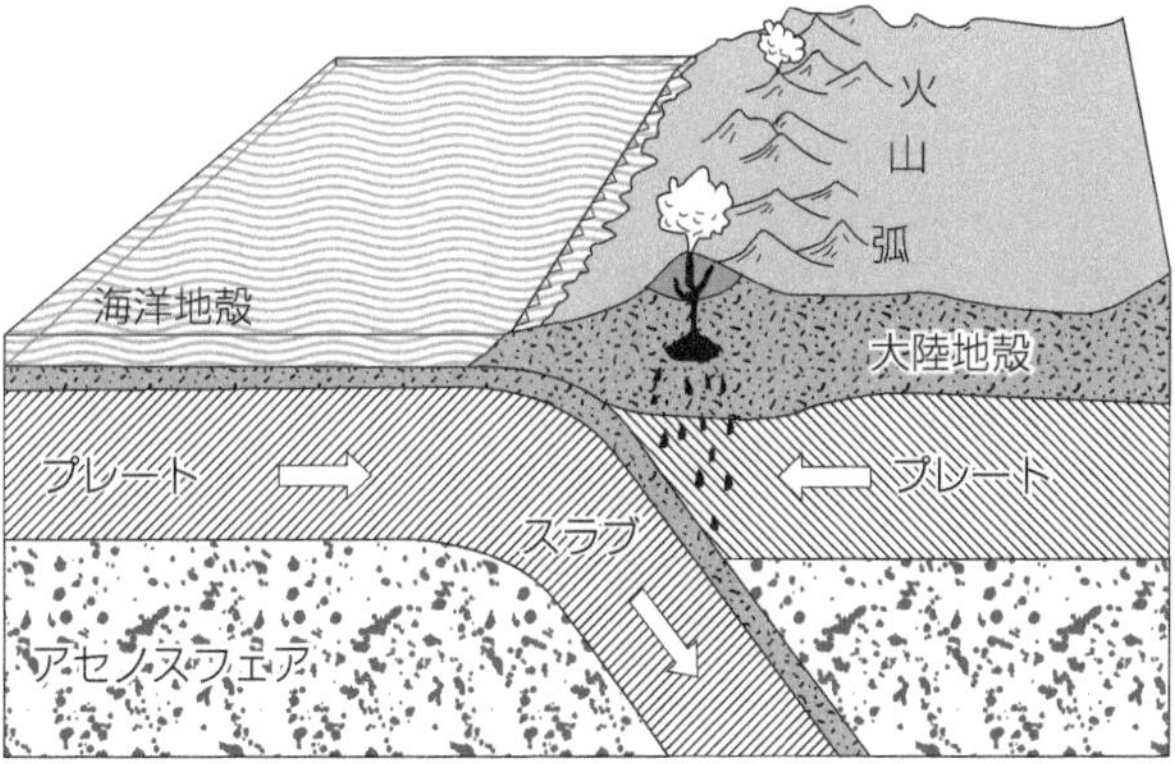

図7-9　アンデス山脈

▲アンデス山脈が高いわけ

この章の最後に、地球の裏側の火山、アンデス山脈を見てみます。アンデス山脈もまた、島弧の火山をもつ山脈です。その西にペルー・チリ海溝を伴った島弧―海溝系なのです。ただし島ではなく全長約7000㎞にも及ぶ巨大山脈ですから、アンデスの場合は島弧といわず「陸弧」といっています。

安山岩の英名「andesite」の語源になったように、アンデスは安山岩の多い山とされています（実際にはそうではないのですが）。それはともかく、ここにはヒマラヤに次いで高い山がたくさんあります。オーホスデルサラドという地球上で最も高い火山や、フンボルトが登ったチンボラソ山のように地球の中心からもっとも高い山があり、それらはたとえば富士山に比べてさらに3000m も高いのです。いったいなぜこれほど高い山ができるのでしょうか。

アンデス山脈のすぐ西には、東太平洋海膨で拡大したナスカプレートがあります。このプレートは生まれてすぐに東へ移動し、早々にチリ海溝に沈み込まなければならない運命にあります。南米大陸がすぐ近くにあるからです。そのためプレートはあまり冷却されずに沈み込むので、スラブの沈み込みの角度は小さく、どちらかといえば衝突に近い格好で沈み込みます（図7-9）。

一方で、南米には先カンブリア時代の厚い地殻が存在していて、もともと地殻が厚くできていきます。そこに島弧でのスラブの沈み込みが起こると、古く厚い地殻の上にマグマが積み重なっていきます。スラブが沈み込みにくいので全体が上昇気味になり、そのためヒマラヤ山脈と同じくらいに地殻が厚くなります（およそ70㎞）。すると、六合目で述べたアイソスタシーが有効にはたらいて、根っこが深い氷は水面にそびえるように、地殻が厚い分だけ地表に出ている部分も高くなるのです。

つまり、アンデスはプレートの沈み込みに伴う火山活動と、アイソスタシーとが組み合わさった複合山脈なのです。地球上でもっとも高い火山の山脈をつくっているのはそのためです。

七合目では火山活動がつくるさまざまな山を見てきました。火山こそは、プレートテクトニクスとプルームテクトニクスがもっともわかりやすい形で作用する山といえるでしょう。

八合目

山はこうしてできる

③花崗岩、蛇紋岩、石灰岩の山

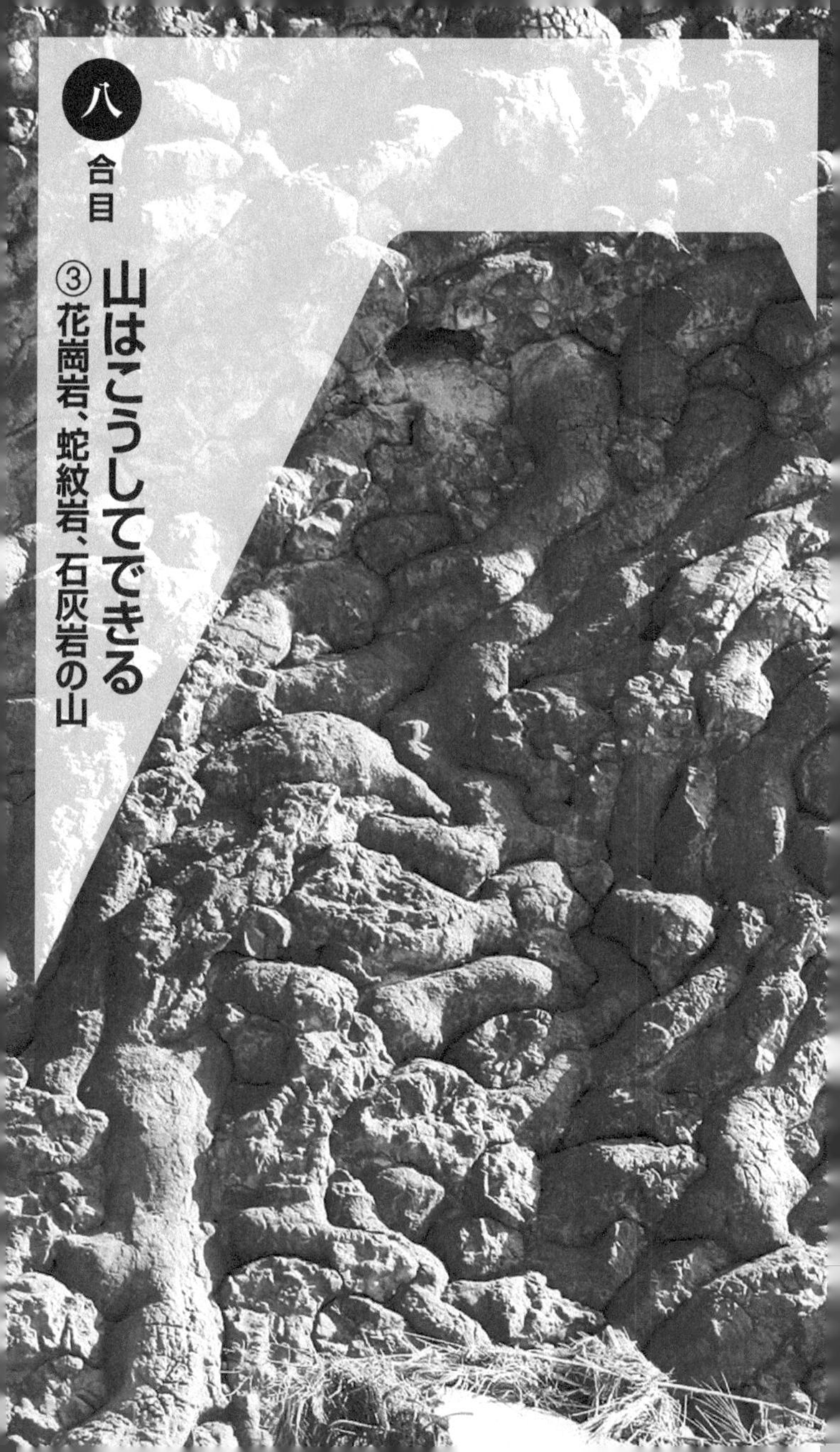

これまで私たちが見てきた山は、海から押し上げられた堆積《たいせき》物による堆積岩でつくられたものや、火山活動による噴火などによって火山岩でつくられたものでした。しかし、山ができるプロセスはほかにもあります。ここでは特徴的な3種類の岩石である花崗岩（図8－1右）、蛇紋岩（図8－1左）、そして石灰岩によって山ができる過程を見ていきます。

▲花崗岩の山

南アルプスには雪が積もっていなくても頂上が白っぽく見える山がたくさんあります。鳳凰三山のひとつである地蔵ヶ岳（2764m）、岩場のある甲斐《かい》駒ヶ岳（2967m）は夏でも白い山肌を見せています。

これらの山が白いのは、花崗岩でできているからです。花崗岩は火成岩であり、また変成岩でもあります。一合目でも述べたように大陸をつくる岩石の代表であり、地球上でもっともありふれた岩石です。墓石に使われることはよく知られていますが、ビルの礎石などの建築材料としても欠かせないため、街中でも花崗岩はいたるところで目にします。たとえば銀座のビルや国会議事堂の柱や壁にも花崗岩が使われています。岩石にはしばしば産出する地域の名前がつけられていて、兵庫県の御影に産出する花崗岩は「御影石」の名前で有名です。もちろん神戸のビルにも御影石がふんだんに使われています。

図8-1［**花崗岩**（右）**と蛇紋岩**（左）］花崗岩は見た目にも結晶の大きさがよくわかる。蛇紋岩はかんらん岩が変質した緑色がかった岩石

このようにありふれて見える花崗岩ですが、かなり独特の特徴をそなえた興味深い岩石でもあります。そして、花崗岩の特徴が山をつくりだしてもいるのです。

まず基本的なことを押さえておくと、花崗岩の主な構成鉱物は石英、長石、雲母、角閃《かくせん》石などです。その色は白、黒、ピンクなどで、含まれる鉱物の種類や量比によって色合いは異なります。いずれにしてもその成分でもっとも多いのはシリカ（SiO_2）で、重量比で70％ほど含まれています。これが白っぽい見かけとなる原因になっているのです。ちなみに玄武岩ではSiO_2は50％、かんらん岩では45％ほどで、マグネシウムや鉄に富んでいるために黒っぽい色をしています。

▲巨大な花崗岩岩体

花崗岩の際立った特徴の一つは、その岩体の大きさ

図8-2［バソリス］広大な体積を持つ花崗岩マグマの形態

です。なかには100㎢以上にも及ぶ巨大なものがあって、それらは「バソリス」と呼ばれています（図8－2）。アメリカ西部にあるネバダバソリスは有名ですが、世界最大のものはカナダのブリティッシュ・コロンビアにあるコーストレインジバソリスで、なんと長さ2000㎞、幅200㎞にも達します。これはほぼ日本列島全部の大きさに相当します。

これだけ大きな岩体をつくるには、当然ですが膨大な量の花崗岩マグマが必要です。つまり地殻の中でこれだけの大きさに相当する岩石が溶けてマグマになるわけです。ただし、花崗岩マグマは2000㎞も連続的に存在しているわけではなく、直径10～15㎞程度、最大でも40㎞程度の岩体が、ぶどうの房のようにいくつも群がっているようです。

花崗岩は肉眼で見てもその構成鉱物のひとつひとつが識別できます。つまり結晶が大きいということで、これは玄武岩などの火山岩に比べて著しい特徴のひとつです。マグマができてからいきなり地表などの温度の低いところへ来ると、急冷するため大きな結晶にはならないのですが、花崗岩は温度が高いところでゆっくりと冷えるために、大きな結晶ができるのです。しかし、結晶が大きいということは、結晶と結晶の間を埋める糊のような役割をする石基（マトリックス）がないので比較的もろいということです。花崗岩が風化や浸食にももろいのはこのためです。とくに一日の温度差が大きい砂漠のような気候のもとでは、鉱物どうしの隙間が広がって、やがてぼろぼろになって砂になります。それが真砂《まさご》です。京都の東山連峰をつくる花崗岩はまた、真砂の産地でもあります。採られた真砂は寺や庭園の撒き石などに使われています。

▲日本の花崗岩

火山国・日本ではやはり、火山岩がその分布においては一番多い岩です。しかし、花崗岩はそれに次いでたくさんあります。日本の花崗岩にはどのようなものがあるか、北から順に概観してみましょう。

北海道の花崗岩体としては日高山脈があります。ここで見られる花崗岩はそれがさらに変成してできた片麻岩《へんま》という岩石からなっています。アメリカのバソリスに比べれば、北海道ほか日本の花崗岩には飛びぬけて大きな山はありません。東北地方には多くの花崗岩体があります。北から姫神、束稲《たばしね》、折壁などの地名で呼ばれる花崗岩体は、その構成鉱物や成因が特別なものです。

宮古、釜石、田野畑にも地域の名前のついた岩体があります。大きさは山と変わりませんが、これらには「山」としての名前はありません。東北で花崗岩の山として比較的よく知られているのは岩手県の姫神岳（740m）、折爪岳（852m）、五葉山（1351m）などです。しかし、これらは高さとしては南アルプスに比べると1000m以上も低いものです。関東山地にも花崗岩の山はたくさんあり、埼玉県の両神山（1723m）はその一つです。

中部地方では、なんといっても飛驒山脈にそそり立つ槍ヶ岳（3180m）が特筆すべき花崗岩の山です。日本で5番目の高さを誇り、「日本のマッターホルン」と呼ばれています。ほかには山梨県の昇仙峡にある金峰《きんぷ》山や、木曾川の恵那《えな》峡の「寝覚めの床」などの花崗岩があります。

近畿地方の花崗岩はやはり六甲山と鈴鹿山脈でしょうか。鈴鹿山脈の御在所山（1212m）は「鈴鹿七山」の一つで、きのこ岩、ゆるぎ岩、天狗岩、地蔵岩などと名づけられたたくさんの奇岩があります。とくに地蔵岩は2つの花崗岩の柱の上に四角い花崗岩がバランスよく載っているもので、とても自然にできたものには見えません。花崗岩でできた山には多かれ少なかれ、このような奇岩が分布しています。花崗岩の風化は、自然の名匠ともいえるでしょう。また、紀伊半島には大峰山（1915m）や熊野酸性岩と呼ばれる大きな岩体があります。

花崗岩は中国地方には非常に多く、四国には少ないのですが、面河渓《おもごけい》で知られる石鎚山（1982m）は有名です。九州ではおもに東側に花崗岩の山があります。西から甑島《こしき》、屋久島、奄《あま》美《み》大島、南大隈、高隈山（1236m）、尾鈴山（1405m）、大崩《おおくえ》山（1644m）などです。

花崗岩は年代的にいえば古くは古生代から、若いものでは第四紀のものまであります。日本では、古生代のものは北上山地の氷上《ひのかみ》山の氷上花崗岩がおよそ4億3000万年前。中生代のものはやはり北上山地の花崗岩類で、多くが1億2000万年ほど前のものです。西南日本にある花崗岩はおおむね2300万〜1700万年ほど前、フォッサマグナ地域（静岡から新潟県の糸魚川にいたる地域）の甲府、昇仙峡、櫛形《くしがた》山、そして丹沢などには1700万年〜500万年前ほどのものがあります。

世界でもっとも若い花崗岩は穂高にある滝谷花崗閃緑岩で、第四紀の180万年前といわれています。私たち地質学者から見れば、生まれたての花崗岩です。また、岩手県雫石の近く、秋田駒ヶ岳の東にある葛根田《かっこんだ》の花崗岩は、生まれたてというより、生まれつつあるもののようです。こうした若い花崗岩はまだ熱いので、温泉や地熱発電として利用されています。

▲花崗岩の山ができるわけ

花崗岩がどのようにしてできるのかは、これまでさまざまに考えられてきましたが、現在では花崗岩質マグマというマグマからできるという見方で決着しているようです。マグマがつくられるのは温度が高い場所です。つまり花崗岩も火山岩と同様、地下の深い場所で、どろどろに溶けたマグマの状態で生まれる火成岩です。

花崗岩マグマもプレートの沈み込み（スラブ）によってできることが多いようです。ただし、玄武岩マグマ（火山のマグマ）ができるのは前に述べたように約110㎞の深さですが、花崗岩マグマができるのはもっと浅い地殻の中やマントルの最上部で、水が豊富にある場所です。これは花崗岩マグマの温度が600℃前後と、玄武岩マグマの1000℃に比べてかなり低いからです。また、玄武岩マグマができるとその熱で地殻の一部が溶け、花崗岩マグマができることもあります。このように花崗岩もやはり、プレートの沈み込みに直接、または間接的に関係してできるのです。

しかし、花崗岩は火山岩ではありませんので、火山活動によって地表に出てくるわけではありません。にもかかわらず、花崗岩は地表のいたるところで見られます。地下深くで生まれた花崗岩が、時間がたつと地表へ上がってくるのはなぜなのでしょうか。そこに、花崗岩の山ができる理由も隠されています。

花崗岩の密度は、鉱物の組成や岩石の空隙などにもよりますが、およそ2・7g／cc程度です。つまり、水の2・7倍ほどです。1ℓのペットボトルに水を入れると約1kgの重さになりますが、もし岩石を水溶液にすることができれば花崗岩では2・7kgに、玄武岩では3kgに、かんらん岩では3・3kgにもなります。このように花崗岩の密度は、海底をつくる玄武岩より小さく、マントルをつくるかんらん岩に比べるとかなり小さな値になります。

もし、これらの石が液体の状態にあれば、花崗岩は玄武岩やかんらん岩の上に「浮く」という表現が適切でしょう。つまり、おもに花崗岩からつくられている大陸は、海洋やマントルの上に浮いていることになります。六合目で述べたアイソスタシーも、このような考え方です。地殻では花崗岩の上にさらに堆積岩やそのほかの軽い物質が載っていますが、これらの物質が風化や浸食によって取り去られると、アイソスタシーの働きで花崗岩が上昇し、地表にまで出てきます。花崗岩からできている山の多くは、このようにしてつくられるのです。

しかし、花崗岩が山をつくるしくみはアイソスタシーによる上昇だけではありません。マグマとして生まれた花崗岩は、積極的に地殻の中に貫入してもいます。マグマは液体（もしくは結晶になったものと混ざったおかゆのようなもの）なので、その密度はまわりの岩石よりも小さく、その形は気球のように上が凸で下が尻すぼみな形状をしています。そのため、これを「バルーン」とも、あるいは専門的には「ダイアピル」とも呼んでいます（図8－3）。

ダイアピルとはもともとは塩（岩塩）の塊からなる岩体に対してつけられた名前です。海に面した国では塩は海水を煮詰めてとりますが、海のない国では岩塩という、地層の中にある固体の塩を採集しています。この塩は地層の中に含まれた昔の海水から沈殿して結晶化しているので

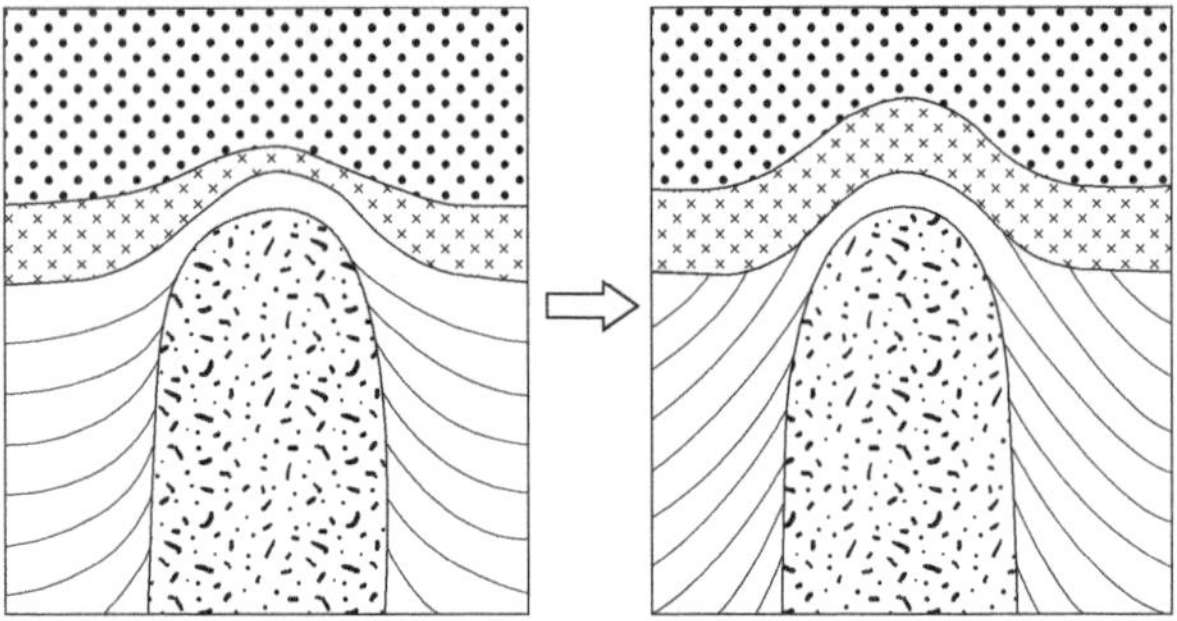

図8-3［**ダイアピル**］花崗岩マグマは密度が小さいため、上方の岩石を取り込みながら上昇していき、山をつくる

す。地下でこの塩がたまるとやがて気球のような形となり、周辺の地層より密度が小さいため上の地層を押し上げて上がってきます。このような形態を「岩塩ドーム」と呼び、ドームをつくりだす構造をダイアピルというのです。岩塩ドームは石油などの油を伴うことが多いので、石油探しの指標になっています。

花崗岩マグマからなるダイアピルは密度が小さいために、地殻の浅い部分へと移動していきます。その際に、一番上の天井に相当する部分の岩石をマグマの中に取り込んで、その岩石を溶かしたり、マグマと同化したりして上昇します。このようなプロセスは「ストーピング」と呼ばれています。つまりマグマはその天井の岩石を食べて、それを自分の体内で消化しながら上へ上へと移動していくのです。これが、花崗岩マグマが硬い岩石を通過して、地表へと顔を出すマジックの種明かしです。

海坊主の頭のような形をしたダイアピルがひたすら上昇

を続けると、ついにはまん丸の大きな山になります。昭和新山のような火山岩の溶岩ドームと似た現象で、これも花崗岩の山をつくる基本的なプロセスです。

マレーシアにあるキナバルは花崗岩の山ですが、高さはなんと4095mもあります。日本の花崗岩の山、槍ヶ岳（3180m）より1000m近くも高く、東南アジアの最高峰となっています。これは、キナバルのあるカリマンタン島がインドーオーストラリアプレートとユーラシアプレートの衝突の現場であったことに、アイソスタシーが手伝った結果と思われます。頂上付近はその高さゆえに植物がほとんど存在していません。

▲蛇紋岩の山

早池峰山《はやちねさん》（1917m）は東北の山では際立った特徴を持っています。ハヤチネウスユキソウはこの山に固有の高山植物で、綿毛をかぶって薄く雪をかぶっているように見える姿はヨーロッパのエーデルワイスに似ています。植生だけではなく、その形を見ても、この山は頂上付近で少し山の傾斜が変わります。それは山を構成している岩石が違うからです。登り口から五合目あたりまでは、はんれい岩と呼ばれる、玄武岩と同じ成分で結晶が花崗岩のように大きい岩石でできていますが、そこから上は蛇紋岩に変わります。岩石の成分や粘性などの化学的、物理的な性質が変化するために、山の傾斜が変わり、山頂に近い蛇紋岩の部分がやや急峻になっているのです。

蛇紋岩とは黒緑色をした、まだら模様を持つ岩石です。その模様が蛇のように見えるのでその名前があります。そもそも蛇紋岩の英語名 Serpentine の「Serpent」は蛇の意味です。五合目で紹介したオマーンで見られるオフィオライトも、やはり「Ophi」という言葉が蛇の意味を表しています。

蛇紋岩は最近、建築材料としてよく使われ、また壁紙としても人の目につくことが多くなっています。壁がすべて蛇紋岩のタイルでできているトイレや、壁紙に蛇紋岩の組織が印刷されているエレベーターも見たことがあります。これはどうやら蛇紋岩の色や組織が癒し系であるからなのではないかと思います。

蛇紋岩はマントルをつくるかんらん岩が、あとで述べるように熱水で変質したときにできる岩石です。かんらん岩はかんらん石、輝石、スピネルそしてざくろ石などから成る岩石で、変質していなければ美しい緑色をしています。とくにかんらん石はペリドート、ざくろ石はガーネットで、どちらも宝石として珍重されています。

このうち、おもにかんらん石が変質すると、「蛇紋石」という雲母とよく似た構造を持つ鉱物に変わります。かんらん石が蛇紋石へと変化するような過程を「蛇紋岩化」といいます。なお、ややこしいのですが玄武岩の中にあるかんらん石が蛇紋石になっても、それは蛇紋岩とはいいません。かんらん岩が変質していく過程でできる岩石を蛇紋岩というのです。

▲蛇紋岩はなぜ上昇するか

早池峰山ではマントルをつくるかんらん岩が蛇紋岩となって地表に出てきているわけですが、マントルがあるのは地下30～40㎞もの深さです。さきほど紹介した花崗岩のある場所よりもさらに深いのです。そんなところから、なぜ地表にまで岩石が出てくるのでしょうか。

その答えは、かんらん岩の変質にあります。海洋のプレートは海溝の沈み込み帯で陸のプレートの下へと沈み込んでいくことはもう覚えていただいていると思います。そのとき、プレートが一緒に持ち込む堆積物の中には、大量の水が含まれています。プレートをつくる玄武岩にも多少の水が含まれています。また、鉱物の中には水になりうる成分としてOHを含むものがあります。これらがプレートの沈み込みにつれて地下深くに持ち込まれ、圧力や温度が高くなると、水が放出されます。鉱物ではOHが化学反応により分解して水になります。

このとき、温度が十分に高ければ（1000℃くらい）かんらん岩はマグマになりますが、温度が低い（300℃くらい）と、それらの水が上部マントルでかんらん岩と反応して、かんらん石が蛇紋石に変質します。蛇紋岩は岩石全体の密度が小さくなっています。そのために上昇して、地表に出てくるものと考えられるのです。その際に、断層などの地下と地表をつなぐパイプがあると、より速く上昇してきます。早池峰山にはちょうど早池峰構造線と呼ばれる大きな断層が存在していたので、マントルにあった蛇紋岩が速く地表へ出てきたのです。このような山が、早池峰山のほかにもいくつもあります。

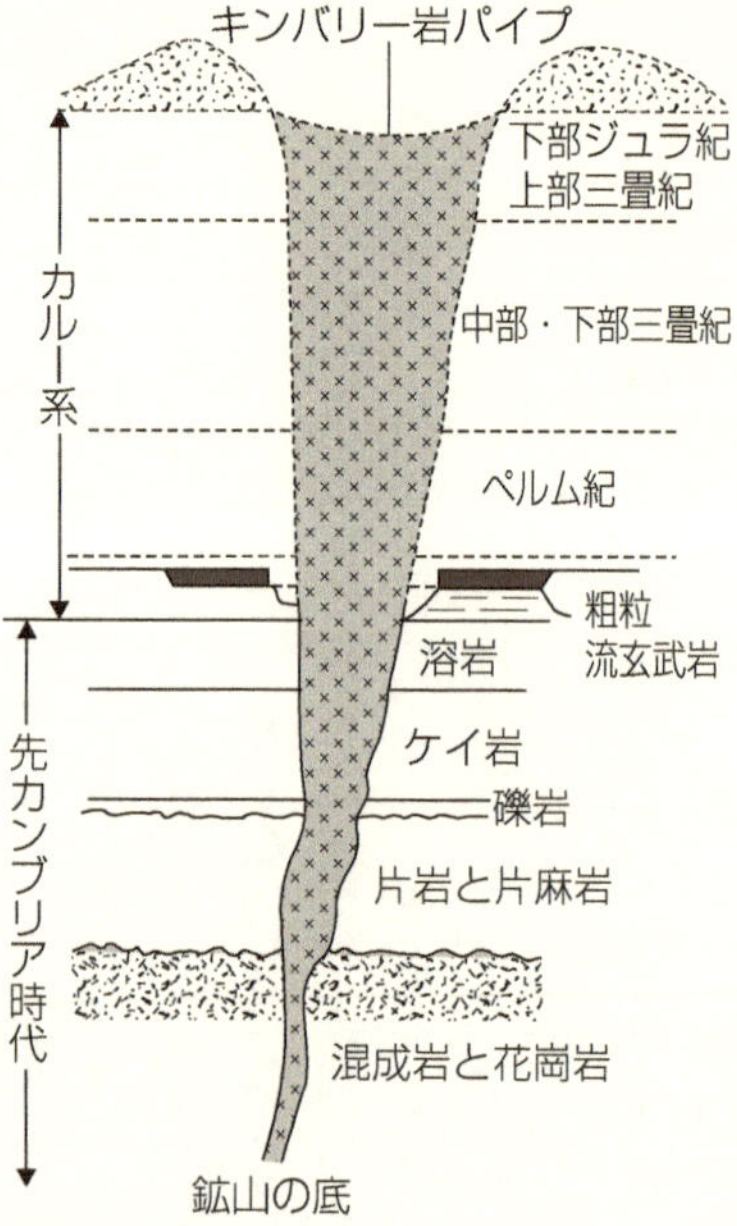

図8-4［ダイアトリーム］ダイヤモンドの産地に見られるじょうごの形の構造

　蛇紋岩やかんらん岩には、ヒスイやざくろ石、そしてダイヤモンドなど地下深いところでしかできない鉱物（宝石）が含まれています。ヒスイやざくろ石は地下10〜30㎞の深さからやってきますが、ダイヤモンドは地下200㎞もの深さから上がってくるといわれています。しかし、もしダイヤモンドがその深さからゆっくり地表に上がってくると、すべて炭（石墨：グラファイト）に変わってしまいます。そうならないためには、ものすごい速さで上がってくる必要があります。一説にはマッハ2（680m／s）ともいわれています。そして、このとき地表には「ダイアトリーム」と呼ばれる、じょうごのような構造の地形ができます（図8－4）。南アフリカのダイヤモンド鉱山などでは、この「じょうご」の下を露天掘りで掘っていくのです。

▲蛇紋岩が上昇してできた海山

マリアナ海溝（図8－5）の海溝軸に近いところには、富士山よりやや大きいたくさんの海山が並んでいます。これらの海山を研究していたハワイ大学のパトリシア・フライアーさんは、海溝の軸に近いところに火山が存在することを不思議がっていました。なぜならプレートテクトニクスの教えるところでは、火山は火山フロントに並んでいて、それは海溝の軸からはある一定の距離を持っているはずだからです。ところがマリアナ海溝では、海溝の軸の上や軸から１００km も離れていないところに、たくさんの、しかも富士山よりも大きい山がいくつもあるのです。

フライアーさんらはハワイ大学の調査船「カナ・ケオキ号」でドレッジ（鉄製のバケツを海底におろして引きずること）して、これらの山々から得られた石を調べました。その結果、ほとんど例外なく、それらの石は火山岩ではなく蛇紋岩だったのです。その後、彼女の長い研究によって、これらの山は蛇紋岩の泥火山であることがわかりました。太平洋プレートのうちもっとも古い部分が沈み込むマリアナ海溝では、沈み込んだスラブから放出された水が陸側の（マリアナの場合には西側）斜面の地下のマントルに供給され、そこで上部マントルを構成するかんらん岩が

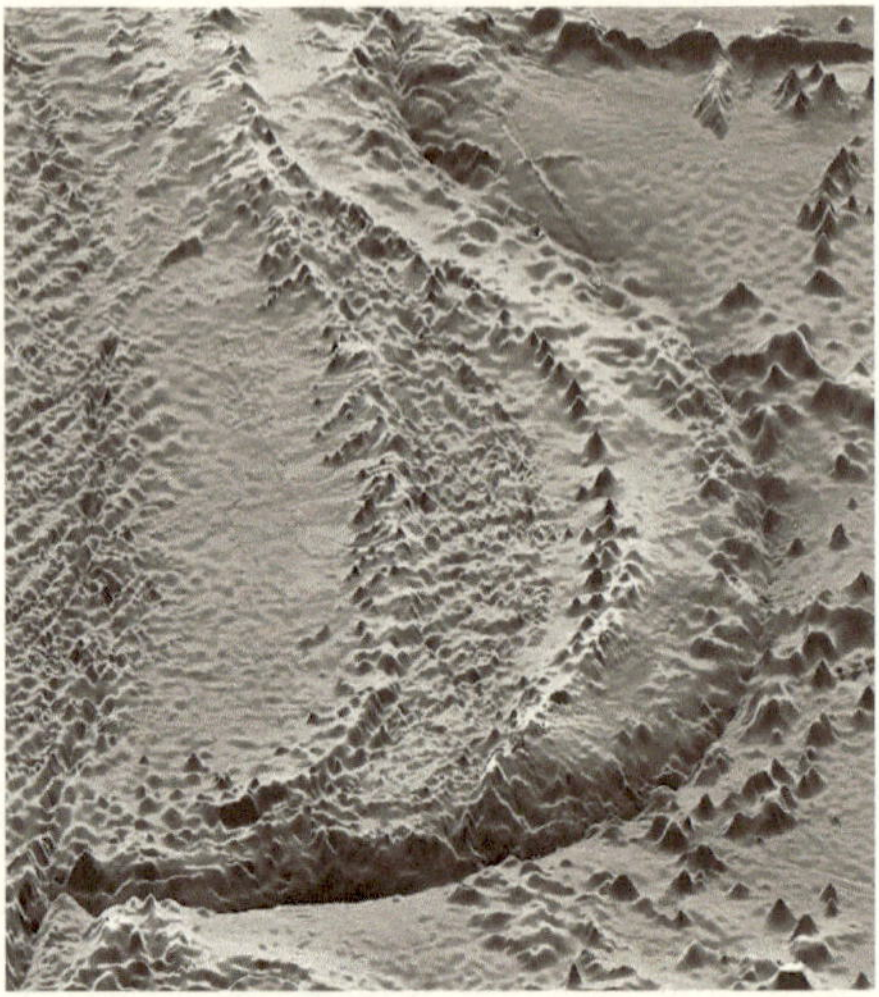
図8-5［**マリアナ海溝**］伊豆・小笠原の南に連なり、世界最深のチャレンジャー海淵がある

変質してできた蛇紋岩が上昇し、海底（地表）で流れ出して山をつくったというのです。蛇紋岩が上昇するのは前節で述べたように、その密度が小さいためです。そして地下から海底までには多くの断層があり、蛇紋岩はそれを通路として上がってくるというのです。

このように蛇紋岩の上昇は、単に地下で変質した鉱物が地表に出てくるだけでなく、富士山より巨大な山をつくるほど大規模な現象にもなりうるのです。こうしてマリアナの蛇紋岩海山は重要な研究対象となりました。ちなみにフライアーさんは蛇紋岩海山にすべて名前をつけています。Conical（コニカル）、Pacman（パックマン：アメリカのゲームの名）、Chamorro（チャモロ：マリアナの原住民の一族の名）などで、そのほか「ブルー（blue）」がつくものがたくさんありました。

これらの海山はおよそ数十㎞の間隔で並んでいて、長さは北緯20度近辺から13度近辺まで、総延長700km以上にも及んでいます。東京から広島くらいの距離です。

▲日本の蛇紋岩体

ところが、陸上でもこれと似た構造が蛇紋岩によってつくられているのです。日本にもそうした蛇紋岩帯は北海道から九州までいくつもありますので、少し見ていきましょう。

まず北海道の蛇紋岩としては、様似《さまに》の近くにアポイヌプリがあります。これは日高山脈の南に位置していて、マントルそのものが地表に出ているものとして有名です。変質していないマントルのかんらん岩そのものがよく見えます。しかも構造が層状で、かんらん石や輝石の結晶も大きく、肉眼で色まで識別できます。まるで緑色の織物のようで、土産物の文鎮として売られています。東北地方では、すでに述べた早池峰山が有名です。山の中腹から傾斜が変わってかんらん岩または蛇紋岩が頂上に出てきます。そして蛇紋岩帯に独特の植物相があります。

関東地方では、尾瀬ヶ原にある至仏山や長瀞《ながとろ》の山が蛇紋岩でできている山です。中部地方ではフォッサマグナに沿った北アルプスの白馬岳などが有名です。また、静岡県の浜松あたりから紀伊半島、四国にいたる地域には、およそ20〜30kmの間隔で蛇紋岩体が並んでいます。四国ではそれが檮原《ゆすはら》街道に沿って露出しています。幕末に坂本龍馬が土佐藩を脱藩したときに通った道といわれています。これらは大きな岩体ではあっても著名な山をつくってはいません。この中部から近畿を経て四国までの蛇紋岩をはさむ地質体のことを黒瀬川帯と呼んでいます。この岩帯は磁気的性質をもっています。

近畿にはそのほか、和歌山の南に竜門山（756m）があります。パラグライダーで有名な山です。四国には徳島県、高知県、愛媛県に黒瀬川帯の大きな蛇紋岩体がありますが、いずれも顕著な山はつくっていません。その中では愛媛県に東赤石山（1706m）という山があり、ここには蛇紋岩にともなって「エクロジャイト」（榴輝岩《りゅうきがん》）という大変珍しい岩石が出てきます。これは玄武岩が上部マントルの中のような温度、圧力条件で変成岩になったもので、玄武岩の中のかんらん石や斜長石が変成して、ざくろ石と輝石になったものです。九州には長崎県にヒスイをともなう蛇紋岩体がありますが、それ以外にはほとんどありません。西彼杵《にしそのぎ》半島の先端の、サボテン園近くの海岸にはヒスイが産出します。沖縄には蛇紋岩からなる山はありませんが、石垣島にある変成岩の岩体の中には蛇紋岩が含まれています。

このように日本には蛇紋岩の岩体はたくさんありますが、顕著な山をつくっているものはそれほど多くはありません。蛇紋岩はむしろ地すべりの原因として、フォッサマグナ地域や三重県の鳥羽周辺などでは地元の人たちには嫌われている岩石です。一方では、埼玉県の長瀞などで売られている蛇紋岩の灰皿、アポイヌプリで売られているかんらん岩の文鎮など、土産品によく使われる岩でもあります。しかし灰皿や文鎮になっている岩が、海底では富士山より大きな山をつく

図8-6［**四国カルスト**］石灰岩が広く露出している

っていることに、驚かされます。

▲石灰岩の山

四国の中央部、愛媛県と高知県の県境を通る檮原街道を車で走ると、県境を頻繁に横切るためカーナビが「ただいま愛媛県に入りました」「ただいま高知県に入りました」と繰り返して忙しいことです。司馬遼太郎の『街道をゆく』にも登場するこの街道沿いには牧草が生い茂っていて、牛が放牧されていますが、面白いことに高知の牛は赤牛で、愛媛の牛は黒牛なのです。牛の色が違うのは、岩石と牧草、地形や気象が関係しているのではないかと考えられています。そして、それらに大きな影響を与えているのが四国中央を走る四国山脈の「四国カルスト」と呼ばれている山々です（図8-6）。カルストとは石灰岩でできた山のことで、この特徴ある岩石が独特の環境をつくりだしているのです。
ここからは石灰岩によってできる山に着目してみたいと思います。

▲サンゴ礁が山になるまで

石灰岩はよく知られているように炭酸カルシウム（$CaCO_3$）でできた岩石です。セメントの材料のほか、運動場に白線を引くときにも使われます。酸性の土壌を中和するのに使われる苦土石灰も炭酸カルシウムの一種です（マグネシウムを含む）。そして石灰岩の多くは、もともとサンゴ礁を形成していた石が地表へと運ばれたものです。

サンゴ礁とは、サンゴ虫が分泌する炭酸カルシウムがつくる大きな構造物です。サンゴ礁は海水の温度が25℃以上の浅い清冽な水のもとでのみ生育します。水深が浅いのはサンゴ虫が炭酸同化作用（光合成）をおこなうためで、それには太陽の光がなければならないからです。このような条件が整っているのは、熱帯から亜熱帯にかけての大陸の周辺、または火山島の周辺です。前者はオーストラリアのグレートバリアーリーフが有名です。後者はダーウインが「ビーグル号」の航海で巡ったガラパゴス諸島やインド洋のココス島周辺などです。北半球ではパラオ島が最大のサンゴ礁の島です。サンゴ礁の形態には、島の周りを縁どる裾礁《きょしょう》、島との間に島を守るようにラグーンを持つ堡礁《ほしょう》、島はなく円形に分布している環礁《かんしょう》などがあります（図8－7）。そし

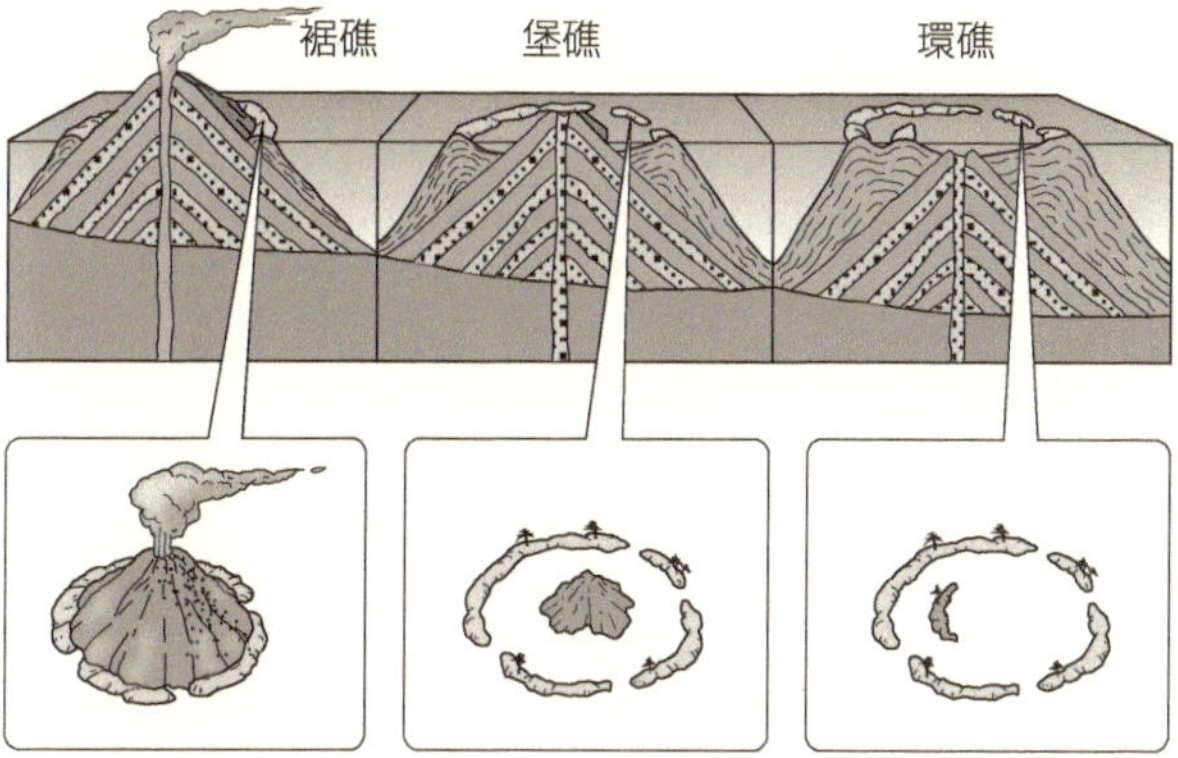

図8-7　サンゴ礁の形態

て石灰岩の山とは例外なく、かつて火山島の周辺にあったサンゴ礁が材料になっているのです。

では、サンゴ礁から石灰岩の山ができるまでを見ていきましょう。

プレートが海溝から海底に沈み込むとき、プレートの上に載っている火山島も一緒に海溝まで運ばれます。その際、火山島の周辺にあるサンゴ礁も、同様に海溝まで運ばれます。そこであるものは沈み込みますが、あるものはほかの堆積物と一緒に陸側に押しつけられます。六合目で述べた付加体を形成するのです。こうして地表に何度も堆積し、盛り上がったサンゴ礁が石灰岩の山となるのです。アルプスの山々は、多くが石灰岩でできています。

石灰岩の山は植物にとって必要な窒素（N）、リン（P）、カリウム（K）が著しく欠如しています。そのため石灰岩の土地に咲く植物はきわめて限られ、独特の植生となります。また、セメントの材料である炭酸カルシウムからなる石灰岩の山は、多くがセメント会社で掘削されています。秩父にある武甲山（１３０４ｍ）は私が学生の頃によく見ましたが、掘削によっていまでは山体の形が変わってしまうほど、というより山そのものが小さくなってしまっています。その高さは年々低くなっているようです。

▲日本の石灰岩の山と鍾乳洞

こうして地表に出てきた石灰岩は、山となるほかにも、雨水によって浸食されてさまざまな地形をつくります。その代表的なものが鍾乳洞《しょうにゅうどう》です。日本には鍾乳洞が２０００ほどあるようですが、私はその中でもチャンピオンは岩手県の龍泉洞だと思っています。ここには洞窟の中に深さ１１０ｍもある地下の湖があって、きわめて透明度の高い冷たい水で満たされています。湖はいくつかあって、底でつながっています。洞穴には特有の生物が棲息しています。深海と同じで太陽の恵みがほとんどなく、また1年を通じて温度変化もほとんどありません。そのため目のない生物や色のない生物がたくさん棲息しています。

日本のおもな石灰岩の山と鍾乳洞を見ていきます。北海道では神居古潭《かむいこたん》の変成岩帯から大理石が採れます。石材としておなじみの大理石は、石灰岩が地下の深いところで熱や圧力によって再結晶してできた変成岩です。東北では岩手県にさきほどの龍泉洞のほかに、安家洞《あっかどう》という鍾乳洞があります。日本で一番長い鍾乳洞（総延長2万3702m）とされ、山の中腹から入ってさまざまに枝分かれする道を進みます。ただ、この鍾乳洞は地下水面より上にあるため水がほとんどありません。水のない鍾乳洞は景観としてはもうひとつのように感じます。関東には武甲山など、セメントを採掘する石灰岩の山が知られています。中部地方には石灰岩の山はそれほど多くありませんが、静岡県の三ケ日に三ケ日原人が棲《す》んでいた鍾乳洞があり、その延長の豊橋には石巻山（340m）という小さな石灰岩の山があります。近畿では滋賀県の東端にある伊吹山（1377m）が有名で、雨がよく降って独特の植物が生育しています。

中国地方ではなんといっても秋吉台の秋芳洞でしょう。その鍾乳洞は満々とたたえた地下水が流れていて、そこに炭酸カルシウムからなる「百枚皿」と呼ばれる段々畑のような白い岩板が形成されています。なお温泉や熱水などによる浸食でも「シンター」というシリカ（SiO_2）に富んだ同様の構造ができます。世界遺産になっているトルコのパムッカレもこの類いです。

四国にはたくさんの鍾乳洞があります。さきほどの四国山脈の頂上が石灰岩でできた高原になっていて、天狗高原とか姫鶴平《めづるだいら》と呼ばれています。鍾乳洞にはドリーネやウバーレと呼ばれる独特の凹地がたくさん見られます。九州の石灰岩は平尾台という鍾乳洞になっています。沖縄の竜泉洞は琉球石灰岩でできた鍾乳洞で、地下水が豊富です。沖縄中部にある本部半島には石灰岩地帯があって、周辺のお城の石垣をつくっています。今帰仁城《なきじんぐすく》はその一例で、ここでは石垣だけでなく城の内部の構造に石灰岩の露頭そのものを使っています。

日本列島にはたくさんの石灰岩が出ていて、多くは鍾乳洞として観光や探検に使われ、またセメントの材料として採掘されています。しかし著名な山になっているものは少ないようです。

花崗岩、蛇紋岩、石灰岩から山ができるしくみを見てきました。花崗岩はマグマからできた岩石で、密度が小さいため、アイソスタシーによって上昇して山をつくることがあります。蛇紋岩は上部マントルでかんらん岩が変質してできたもので、マリアナ海溝では大きな海山をつくっています。石灰岩はサンゴ礁がプレートによって運ばれて海溝で堆積物と混ざって付加体を形成し、やがて陸上へ上がって山や鍾乳洞を作ります。

これらの山はできていくプロセスは違いますが、いずれも数奇な運命をたどって地表に出てきたものです。

九合目 日本の山のなりたち

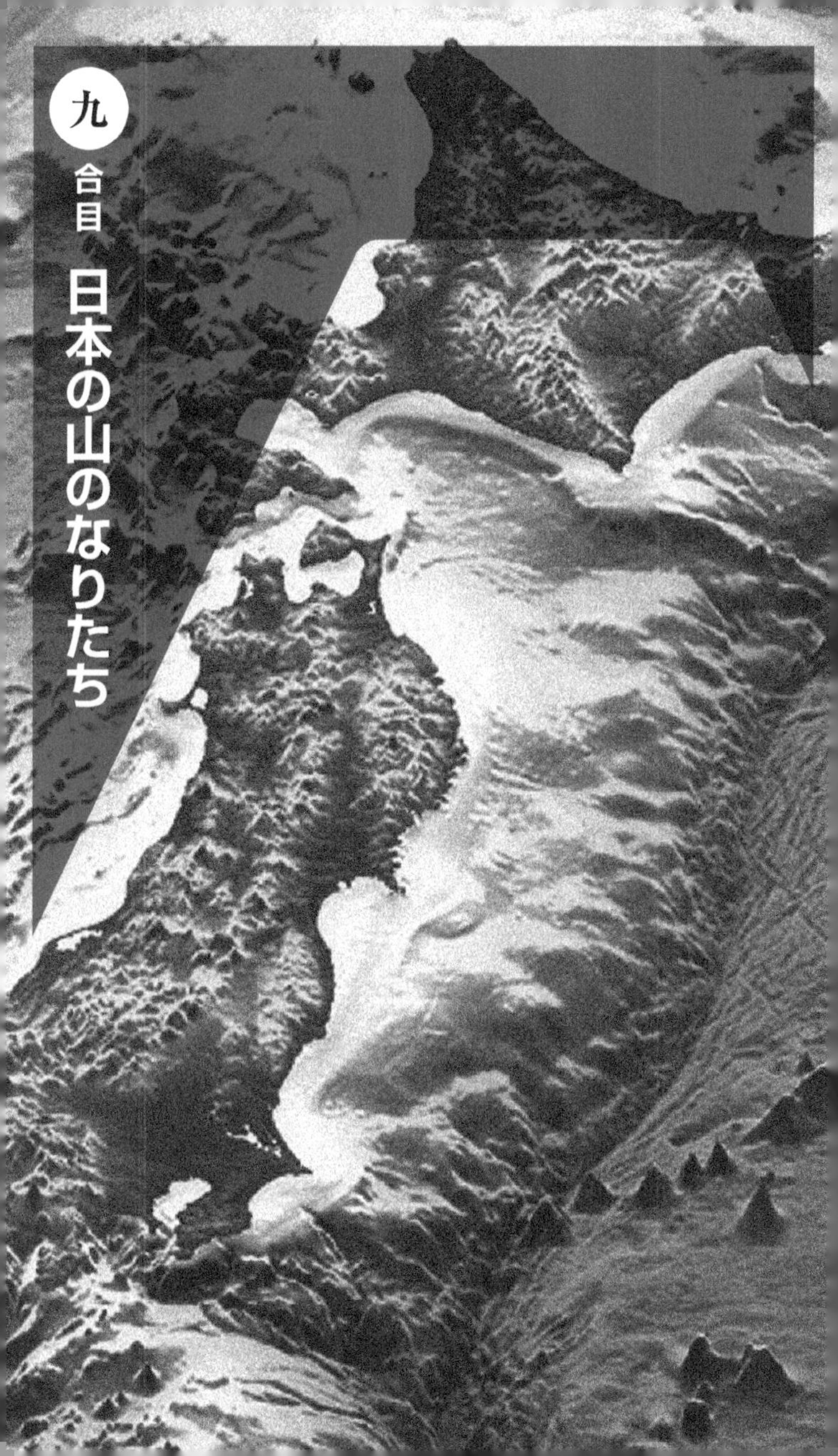

▲すべては「板」と「煙」から

ここまで読んでいただいたみなさん、おつかれさまでした。本書が追い求めてきた「山ができる理由」は、八合目までで、ほぼすべて述べ尽くしたことになります。

もう一度、簡単におさらいをしましょう。近代地質学の初期に提唱された地向斜造山運動論が長きにわたって定説となっていた山の成因は、20世紀半ばに登場した画期的な新理論プレートテクトニクスと、それを補完するプルームテクトニクスによってみごとに書き換えられました。六、七、八合目で見てきたのは、プレートとプルームの動きが、あるときは断層運動を起こし、あるときは大陸の衝突や付加体の形成をもたらし、また、しばしば火山活動に結びつき、さらには花崗岩マグマをつくったり蛇紋岩や石灰岩を隆起させたりと、さまざまなプロセスを経て山ができるメカニズムでした。言い換えれば、実にバリエーション豊かに見える「山ができる理由」も、その根本にはすべてプレートとプルームの作用があるということがおわかりいただけたかと思います。山ができるということは、この地球で「板」と「煙」がダイナミックに活動していることの証《あかし》にほかならないのです。

「山がどうしてできるのか」がわかればもう十分、という方はここで下山していただいても構いませんが、できれば頂上までもう少しおつきあいください。この九合目では、これまで見てきた

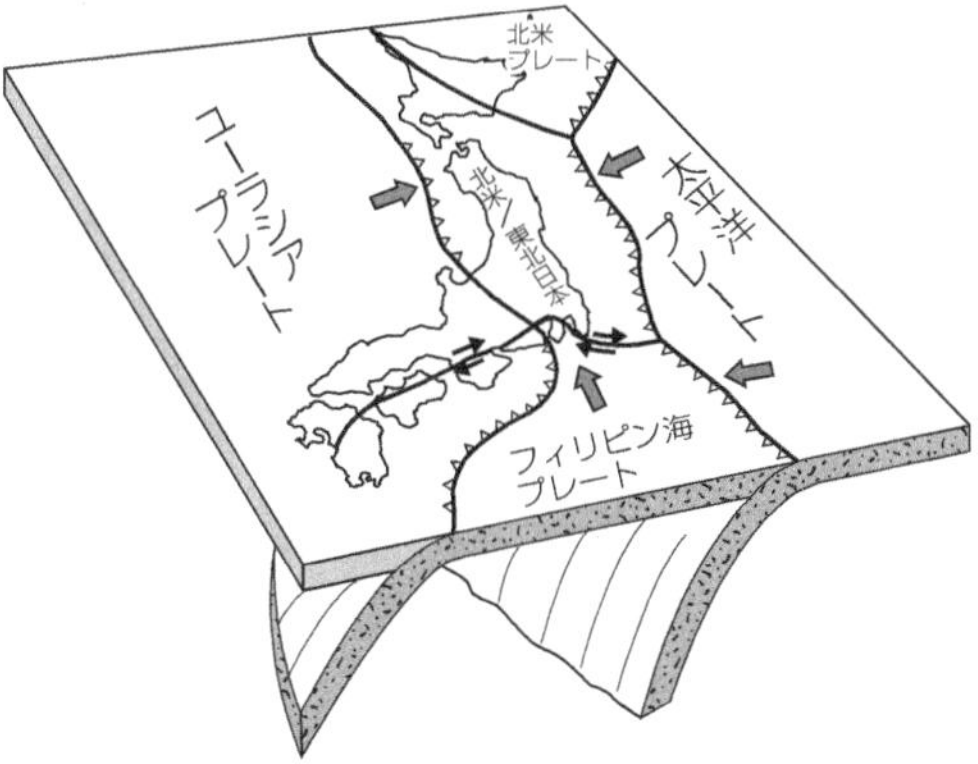

図9−1　日本周辺の４つのプレート

理論を私たちが住む日本の山々に具体的にあてはめてみると、何が見えてくるのかを述べていきます。これまでばらばらだった日本の地形についての知識が、体系的に頭に入ってくるのではないかと思います。

▲「板没する国」の複雑な地殻変動

日本列島は「変動帯」という地殻変動がきわめて活発な地域にあります。その東側には地球上最大の海洋プレートである太平洋プレートが千島海溝、日本海溝、伊豆・小笠原海溝に沿って地球の内部へと沈み込んでいます。一方、関東から西南日本の南にはフィリピン海プレートが、南海トラフと琉球海溝に沈み込んでいます。さらに反対側の日本海側にはユーラシアプレートが、北海道から東北には北米プレートまたは東北日本マイクロプレートがあって、これらが地震や火山活動を引き起こしています（図９−１）。

海嶺の真上にある島国アイスランドがいわば「板（プレート）いづる国」であることは述べましたが、日本は逆に「板没する国」です。しかも、1枚だけではなく3枚ものプレートが没するのです。そのことが日本の山々の複雑な特徴をつくりだしているのです。

島弧の特徴①火山フロント

日本列島はアジア大陸から太平洋へ向けて弓形に張り出した特徴的な構造を呈しています。地政学的には「アジアの防波堤」ともいうべきもので、その東には広大な太平洋が広がり、ハワイ諸島まではまったく陸地は存在しません。それゆえに不凍港の少ないロシアがほしくてたまらず日露戦争が勃発したのでしょう。すでに述べたように、日本列島のように弓形に張り出した島状の地形を「島弧」と呼びます。

世界地図を眺めてみると、このように顕著な弓形の地形は日本列島だけでなく、マリアナ諸島や南米の南にある南サンドイッチ諸島などにも見られます。これらも日本列島と同じく島弧です。島弧は次のように共通した地球科学的特徴をもっています。

まず、活火山と、深い海溝を伴うことです。そのために島弧は「島弧―海溝系」というひとつのシステムとして考えられています。そして島弧―海溝系には「火山フロント」と呼ばれる前線があります。七合目でも述べたように、「その前線より海溝に近い側には活火山がない」という境界です。火山はすべてこの前線より大陸側にしか出現しません。たとえば日本の東北地方には、恐山から十和田を経て南の榛名山や浅間山まで、ほとんど線状に火山の列がつながっています。東京から東北新幹線に乗って進行方向左手、DかEの座席に座って窓を見ていると、高崎を過ぎたあたりから火山が次々とほとんど等間隔で出現してくるのがわかります。これが東北日本弧の火山フロントです。

海溝と火山フロントがセットになっている理由については157ページでも説明しましたが（図7－5上）あらためて述べておきます。スラブ（海溝に沈み込むプレート）には大量の水が含まれています。水はプレートを構成している堆積物の中や岩石の中にあったり、岩石中の含水鉱物（水のもとになるOHを含む鉱物）として存在していたりします。この潜在的な水が、スラブが深さ110㎞に達すると脱水分解して水として吐き出され、沈みこまれる側のマントルに供給されて、マグマが発生します。マントルが部分的に溶けるときの岩石の融点が、水によって下がるためです。このマグマが地表に達して山をつくったのが、火山フロントの火山です。同じようなことが深さ170㎞でも起こることが観測によってわかっていて、火山フロントの火山の成分とは違うもう一つの火山の列を形成します。東北日本でいえば、火山フロントである十和田火山などの列より日本海側にある鳥海山などの列がこれにあたります。

海溝と火山フロントとの間の距離は一定していることが多く、弧間距離と呼んでいます（Arctrench gap）。その長さは沈み込むプレートの角度によって決まります。角度が急であれば距離は短く、角度が緩やかであれば距離は長くなります。

島弧—海溝系につきものなのが、地震です。プレートが沈み込まれる側（陸側）では、2つのプレートがせめぎあっています。スラブに引きずられて、沈み込まれる側が沈降を繰り返します。また、スラブによって押されるために圧縮の力も働きます。このような力のことをストレスといいます。人が職場や家庭で押さえつけられるとストレスを感じるのと同じです。このストレスが強くなって岩石の強度を上回ったとき、岩石は破壊し、地震が発生します。岩石にたまった歪みを開放して、自由な岩石にするのが地震なのです。海溝域で起こる地震の深さは、海溝の軸に近いところから島弧の方向に向かうほど、徐々に深くなります。

しかし深さ670㎞あたりに達したスラブは、それ以上は沈み込むことができずに横たわります。その下のマントルの密度よりスラブの密度が小さいためです。そこでは、もはや地震は起こらなくなります。スラブはここで長い間滞留したのち、高温・高圧の条件のもとでやがてマントルより大きな密度の物質に変成します。そしてマントルと核の境界である、2900㎞にまで沈んでいくのです。スラブが変成したものをメガリスと呼び、メガリスがマントル中を落ちていくのがコールドプルームです。

火山、地震、岩石の変形などの連続的な変化は、「板いづる国」には見られない、「板没する国」の大きな特徴です。いってみれば、そこに火山があるのは「そこにプレートが沈むから」なのです。

▲島弧の特徴②背弧海盆

火山フロントと並ぶ島弧の特徴的な地形に、「背弧海盆」があります。海盆とは太平洋や大西洋などに比べるときわめて小さな、洗面器のような海のことで、背弧海盆とは島弧の反対側（背中）にできた海盆という意味です。大陸の縁にあるので「縁辺海」とも呼ばれています。

背弧海盆のできかたを図9－2に示します。海溝が動いて後退していくとする「海溝後退説」と、海溝は後退しないとする「スラブ投錨説」という2つの説があり、どちらもそれぞれに説得力がありますが決着はついていません。いずれにしても、背弧に中央海嶺と同じようにリフトができ（図9－2の2：左右とも）、それが拡大軸となって（図9－2の3：左右とも）、そこから玄武岩溶岩が噴出して新しいプレートが生産され、拡大していると考えられています。これを背弧拡大といいます。新しいプレートは新しい島弧をつくり、背弧を海から分離して背弧海盆をつくります（図9－2の4：左右とも）。

背弧拡大ができるのはマグマによって新しい海洋地殻が形成されるからで、スーパープルームが大陸を分裂させるのと同じです。なぜマグマができるのかについては、スラブから島弧の火山

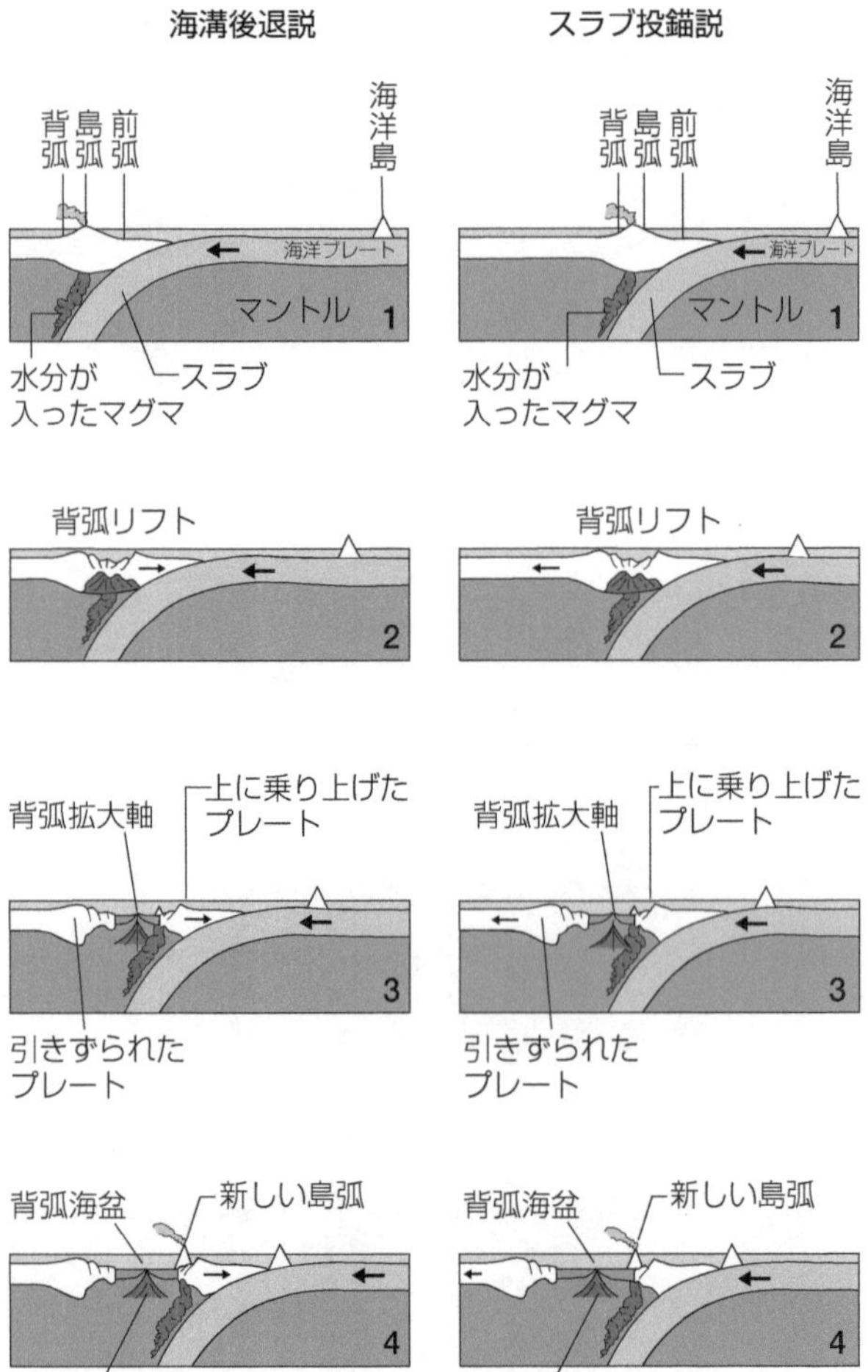

図9-2［**背弧海盆のでき方**］背弧の形成には2つのモデルがある

をつくるマグマよりもっと深いところで形成されるという考えや、プレートではなくホットスポットのようにマントルの深い部分からマグマが出てくるという考えがあります。

日本周辺ほか、東アジアにはたくさんの背弧海盆が存在します。北から、ベーリング海、オホーツク海、日本海、フィリピン海、沖縄トラフ、南シナ海、バンダ海、スル海などです。これらの海盆は島弧―海溝系における一連の構造なので、「島弧―海溝―背弧系」ともいわれています。オホーツク海やベーリング海はもともと太平洋に属していた海が、そこに新しく海溝が形成されて太平洋から分離して遮断されて、別の海になったと考えられています。日本海はいまからおよそ2000万年前には存在せず、日本列島は中国やロシアとくっついていました。それが1500万年前頃に背弧拡大によって日本海が拡大したため、日本列島は大陸から離れて現在の位置まで移動してきたと考えられています。

島弧―海溝系の一般的な解説はこのくらいにして、次に日本列島周辺の島弧―海溝系を具体的に見ていきます。日本列島は4つのプレートがひしめきあうため、島弧―海溝系が5つもできているのです。北から千島弧―千島海溝、東北日本弧―日本海溝、伊豆・小笠原弧―伊豆・小笠原海溝、西南日本弧―南海トラフ、そして琉球弧―琉球海溝または南西諸島海溝です。日本の火山や地形は、これらに注目して構造的に見ていくと理解しやすくなります。

千島弧と千島海溝

千島弧は東に飛び飛びの島が並ぶ火山フロントをもち、西では端が北海道に衝突して日高山脈をつくっている島弧です(図9-3)。

千島弧には、現在は大半がロシア領である千島列島が含まれています。カムチャッカ半島から、その南のパラムシル島、国後《くなしり》島をへて北海道まで連なる火山フロントに沿って、1800m級の活火山がたくさん存在しています。なかでもカムチャッカ半島にはクリュチェフスカヤ山というおよそ4750mの巨大な活火山があります。火山は島を形成していますが、それらの島は雁が並んで飛んでいるような雁行配列を呈しています。

火山に並行して、千島海溝がおおむね北東―南西方向に横たわっています。北海道の中軸にある日高山脈や夕張山地、天塩山地などは南北に走っているので、ほぼ直交する形です。これらの山脈は千島海溝とは関係なく、いまから1300万年ほど前に東北海道と西北海道がそれぞれ別のプレートによって運ばれて現在の位置で衝突し、合体したときにできたと考えられています。このことから、これらの山脈はヒマラヤ山脈のミニチュアと考えられています。

千島海溝では太平洋プレートの沈み込みによって、火山や地震の活動が起こっています。日高沖や釧路沖の地震で、大きいものではマグニチュード8クラスにもなります。

図9-3　千島弧と千島海溝

千島海溝の南端には、いままさに海溝に沈み込もうとしている海山があります。襟裳《えりも》海山と呼ばれる、およそ1億年前にできた火山島です。その頂上からはサンゴ礁に由来する石灰岩や、白亜紀の浅い海に棲んでいた貝の化石が見つかっています。

また、襟裳海山より北海道に近い場所では、すでに沈んでしまった海山があることが、音波探査や周辺の地形、重力、地磁気などの観測からわかりました。この山は発見したフランス人研究者の名前をとってカデ海山と呼ばれています。カデ海山の海溝側には、顕著な地すべり地形が見られます。すべり落ちたブロックが急な崖の途中に引っかかっているような地形をしています。沈み込んだ海山が周辺の地層を傾けさせ、地層の中に含まれていた水が海底へ湧き出して、膨大な数の化学合成生物群集を形成しているのが潜水調査船で観察されています。これが海の中の山の最期の姿です。

▲東北日本弧と日本海溝

東北日本弧の特徴は、海溝軸（日本海溝）、火山フロント、もう一つの火山列、背弧海盆が平行に分布した、典型的な島弧—海溝—背弧系であることです（図9-4）。

東北日本弧は、北は北海道の道南から南は八ヶ岳まで、約800㎞にわたって連なる島弧です。仙台を通る北西—南東方向の大きな構造線（石巻—鳥海山構造線ともいわれています）で、2つの部分に分かれます。構造線とは過去に起こった地震断層の跡のことで、これを境に、地質や地震に対する運動などが異なります。北上山地と阿武隈山地のように、年代も構成する地層もまったく異なるのです。

東北日本弧はすべてが北米プレート（または東北日本マイクロプレート）に相当します。ここでは太平洋プレートとユーラシアプレートが東西両側から東北日本の下へと沈み込んでいます。そのために島弧全体が東西方向に強い圧縮の力を受けています。これによって陸上では横ずれ断層が発達し、北は下北半島の恐山から南は男体山まで直線状に火山フロントが延びています。

東北の山々のうち北上山地は古い構造で、島弧の外側（太平洋側）で古い外弧として地形的な高まりを形成しています。しかし、ちょうど盛岡と白河を結んだ線を境に、地形は大きく変わります。ここに大きな重力の変換線が見られます。この線より東の北上山地では正の重力異常があり、西では負の重力異常があって構成する物質がまったく異なります。北上山地は5億年も前の古い岩体や花崗岩などの重い物質からできているのに対して、西側は現在の火山フロント、つまり若い火山岩でできているため温度が高く全体として軽いため、密度のギャップが生じ、境界部に重力異常の線ができるのです。この線に沿った谷を流れるのが北上川です。そこから西は火山フロントと火山が並んでいます。

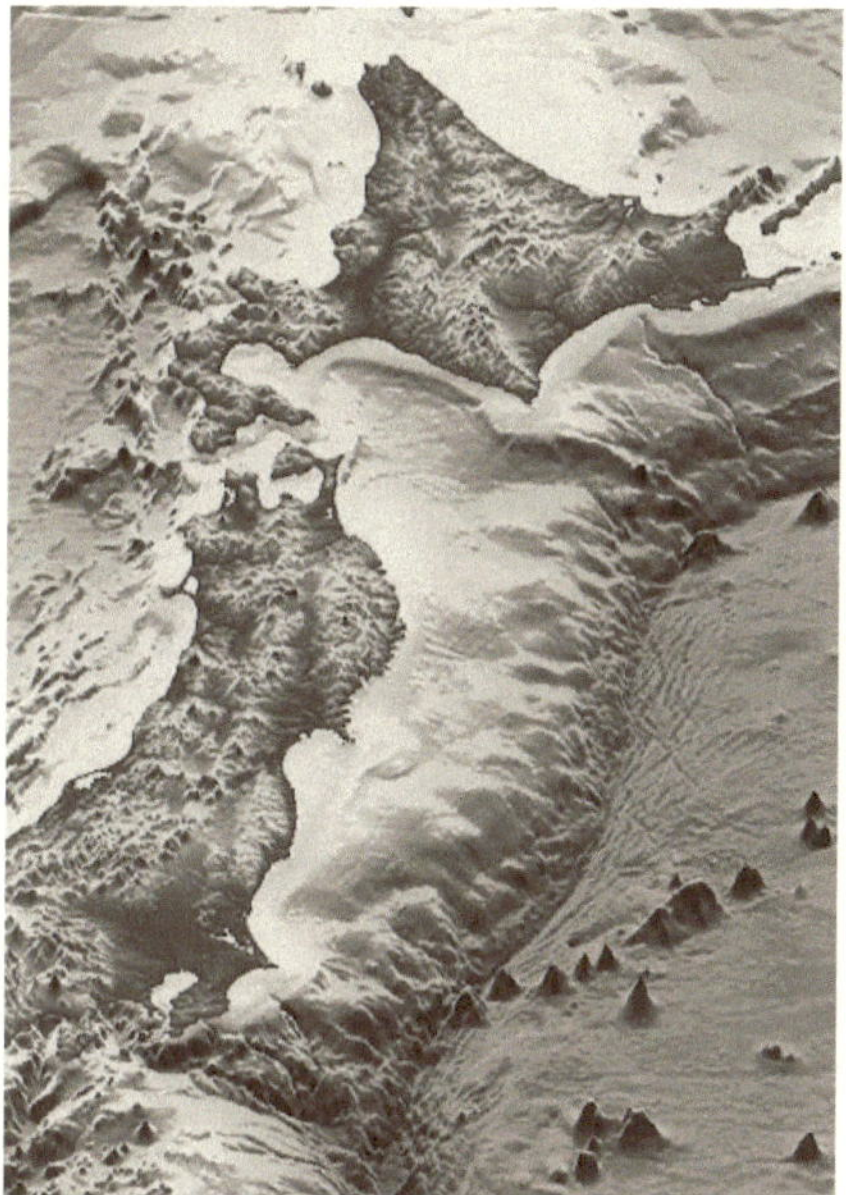

図9-4　東北日本弧と日本海溝

　東北の背骨ともいえる脊梁《せきりょう》山脈を越えると、温泉や火山が増えていきます。日本海側には鳥海山などがあって、火山フロントと平行にもう一つの火山列を形成しています。これらの火山は深さ１７０㎞のところでできたマグマに由来します。

　東北日本の東沖では日本海溝に東

からのスラブが沈み込んでいます。このことが東北日本弧を大きく特徴づけています。

あらためて説明すると日本海溝とは、北は襟裳海山から南は房総沖の海溝三重点までの海溝です。海溝の底は堆積物によって埋められて平坦で、水深は北で7400m、南では9200mあります。ここに沈み込んでいる太平洋プレートは、はるか東沖の1万2000㎞も離れた東太平洋海膨で生まれ、1億年以上かけて日本列島まで移動してきたものです。太平洋プレートが沈み込むために曲げられて、プレートの表面に断層（正断層）ができたために起こったのが1933年に起きた昭和三陸地震です。また、太平洋プレートの上には多数の海山が載っていますが、日本海溝と千島海溝の交点では前述した襟裳海山が海溝にさしかかっていて、南では鹿島の沖に第一鹿島海山が、山体を二つに断ち切られながら日本海溝に飲み込まれようとしています。この海山はいまから1億年ほど前に赤道近くで誕生し、プレートによってはるばる日本列島まで運ばれてきたのです。そのほかにも、常磐海山列と呼ばれるたくさんの海山が日本列島へと押し寄せてきています。

沈み込もうとしている太平洋プレートの上では「プチスポット」と呼ばれる火山活動も知られています。これはプレートが曲げられるあたりで発生した、本格的な海山をつくるほどではない小規模なマグマからできた小さな海山で、まったく新しいタイプの火山活動です。これを発見して、ホットスポットに対してプチスポットと命名したのは筑波大学の大学院生であった平野直人さんです。

太平洋プレート上の顕著な地塁・地溝構造はのこぎりの歯のようになっていて、海溝域や陸側のプレートの底の堆積物や岩石を剝ぎ取って、地下へ運んでいきます。このような作用をプレートの構造が浸食するという意味でテクトニックエロージョン（構造浸食）と呼んでいます。陸地を減らしてしまうという意味で、六合目で述べた付加体（陸地を増やす作用）とはまったく逆の作用です。

一方で陸側の斜面では、泥岩が変形してぼろぼろになったものが斜面崩壊を起こしています。ここでは多くの逆断層が形成されています。これらは、いわば巨大地震の化石なのです。また、陸から運ばれた厚い堆積物が埋積されて深海平坦面という構造もできています。

日本海にある奥尻海嶺のふもとでは、日本海そのものが沈み込みを始めています。国際深海掘削計画（ＯＤＰ）の掘削によってその開始時期は第四紀の１８０万年前であるとされています。この頃から東北日本は顕著に隆起していて、その原因は東西両側からの圧縮と考えられています。

新しい沈み込みに関連した地震が新潟地震、日本海中部地震、そして１９９３年に起こった日本海で最大の北海道南西沖地震などです。

▲伊豆・小笠原弧と伊豆・小笠原海溝

伊豆・小笠原弧も東北日本と同様に、海溝軸（伊豆・小笠原海溝）から背弧までが平行に分布しています（図9－5）。島弧全体が火山活動の産物（火山島）でできているのが特徴です。

伊豆・小笠原弧は、北は八ヶ岳から南は太平洋沖の硫黄島まで約1200㎞続く島弧です（図9－5）。フロントの火山は多くが火山島を形成していて、約70～100㎞の間隔で並んでいます。大島、三宅島、御蔵島、八丈島、青ヶ島、明神礁（ベヨネーズ）、鳥島、孀婦岩《そうふ》が火山島で、ここから硫黄島までは海底火山として続き、再び海面に顔を出して北硫黄島、硫黄島そして南硫黄島と並んでいます。これらは青ヶ島と孀婦岩を通る構造線で、2つの大きな断層によって3つに区分されます。北部ほど地殻も厚く、出てくる岩石が違います。

伊豆・小笠原海溝に沈み込む太平洋プレートには拓洋第二海山、拓洋第三海山が載っていて、海溝では茂木海山がいままさに沈み込もうとしています。伊豆・小笠原海溝の水深は北部の9200mから南へいくほど深くなり、最深で9700mです。しかし小笠原海台という巨大な海台が伊豆・小笠原弧に衝突している部分では6000mより浅くなり、さらに南のマリアナ海溝へとつながります。小笠原海台は白亜紀のスーパープルームでできたと考えられています。

陸側の斜面では水深6000mあたりに蛇紋岩海山が南北に並んでいます。とくに青ヶ島から

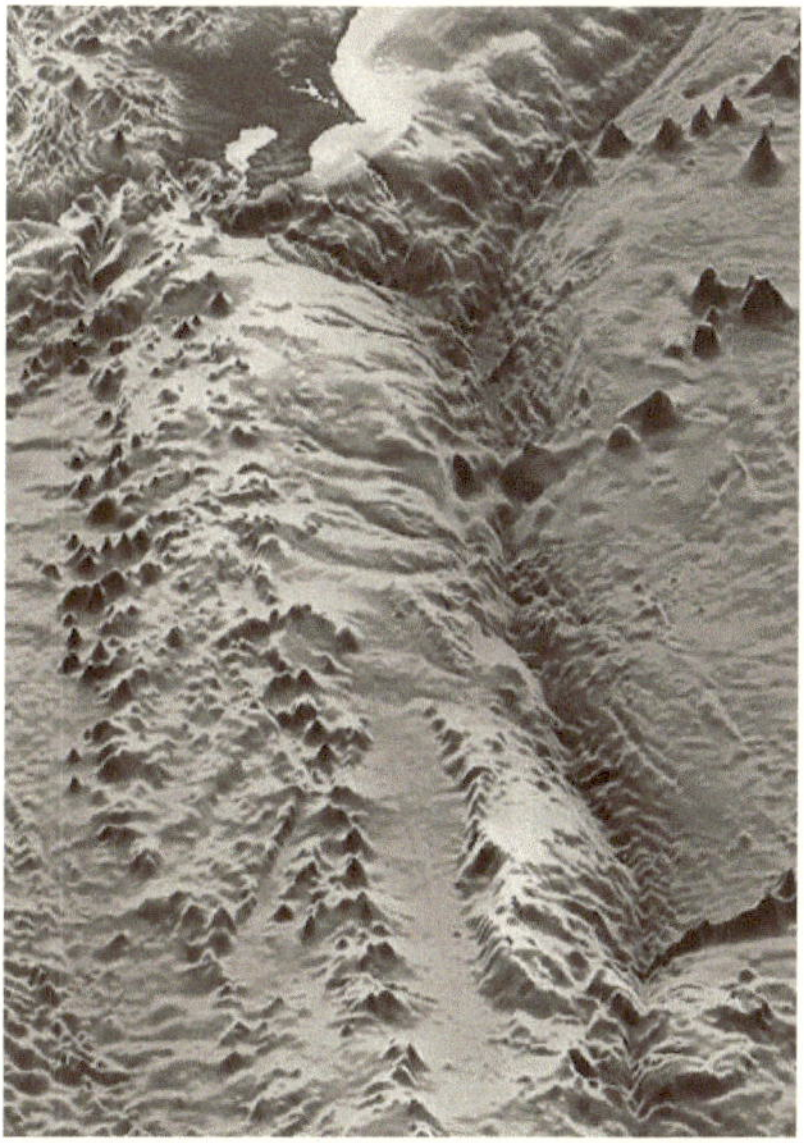

図9-5　伊豆・小笠原弧と伊豆・小笠原海溝

鳥島までの間に多く、周囲との比高は３０００ｍを超えています。鳥島海山はその頂上の水深は約４０００ｍです。これらはすべて八合目で述べた蛇紋岩の泥火山です。

伊豆・小笠原弧の大きな特徴は、北端が本州と衝突して、丹沢山地などの山地を形成したことです。そのために西日本から続いてきた日本列島の構造はまっすぐに東北日本にはつながらず、ここで折り曲げられて伊豆半島を中心として「八」の字のようになっています。さらに、ここでは東北日本弧と西南日本弧が衝突していて、日本で一番高い地形である日本アルプスを形成しました。

関東から中部にいたる地域が複雑な構造をしている原因は、北へ向かうフィリピン海プレートの下に太平洋プレートが沈み込んでいるためです。ここでは北米プレートにフィリピン海プレート、さらに太平洋プレートという３つのプレートが重なっているのです。しかも東北日本マイクロプレートには西からユーラシアプレートが沈み込んでいます。「板没する国」はなんと複雑でややこしいところでしょうか。

西南日本弧と南海トラフ

西南日本弧の大きな特徴は、ジュラ紀以降、およそ2億年にもわたって付加体が形成されてきたことです。

静岡県の富士川が駿河湾に注ぐところから南西に、九州の東端まで、「南海トラフ」と呼ばれる舟形の地形が続いています。南海トラフの最大水深は4800mですが、トラフの底にたまった堆積物の厚さが2000m以上もあるため、それを取り去ると水深6000mを超えて海溝になります。それでもなぜかトラフと呼んでいるのです。地形名のさらに紛らわしいことには、海溝というより海嶺と同じように拡大する性質を持つものも「トラフ」と呼ぶ場合があるのです。沖縄トラフやマリアナトラフがそうです。

とまれ南海トラフに平行して、西南日本弧がほぼ東西に分布しています（図9－6）。火山フロントは日本海側に近い石川県と岐阜県の県境にある白山や、鳥取県の大山などですが、海溝（南海トラフ）からの距離は300㎞以上もあります。それは前に述べたように、沈み込むフィリピン海プレートの角度がゆるやかだからです。

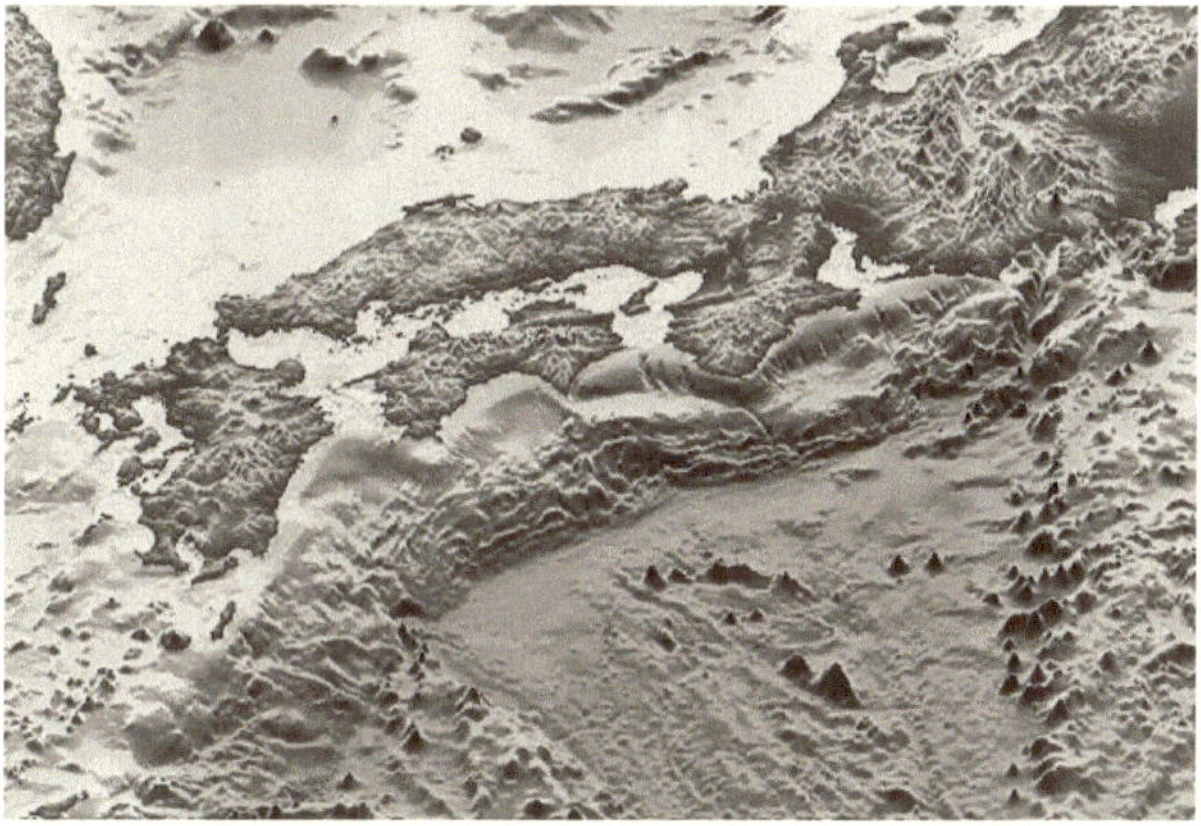

図9-6　西南日本弧と南海トラフ

南海トラフの堆積物は日本アルプスに起因する土砂が富士川によって延々と運ばれたものです。トラフの底はそのためきわめて平坦です。しかし、陸に近づくと堆積物は少しずつ変形され、褶曲《しゅうきょく》や断層をつくっていきます。断層は北へ傾いた逆断層で、陸側が上がるような運動を繰り返しています。これは南海トラフで繰り返し起こった地震のために少しずつ上昇したもので、これが付加体となります。四国の陸上に上がると付加体はほぼ東西方向に分布していて、その年代は北へ行くほど古くなります。

海溝軸から北へ進むと、四国の北4分の1くらいのところに中央構造線と呼ばれる大きな断層があって、断層の北と南ではまったく違う地層が分布しています。北では花崗岩、南は変成岩です。中央構造線は現在でも動いているため、活断層と認定されています。中央構造線の北にある瀬戸内海は陥没によってできた内海です。さらに北へ、中国地方の鳥取県までいくとようやく、火山フロントの活火山、大山に出会うことができます。

琉球弧と琉球海溝

琉球弧の特徴は日本列島周辺で唯一の活動的な背弧海盆、沖縄トラフをもつことです。

琉球弧という島弧は、北は九州から南は台湾まで、琉球列島をはさんで1200㎞にわたって洋上に分布しています（図9－7）。琉球列島は、西側は沖縄トラフを挟んで中国と接し、南東はフィリピン海プレートと接しています。この島弧もまた、トカラギャップと慶良間ギャップと呼ばれる2つの大きな断層で切られて3つに区分されます。

フィリピン海プレートが沈み込む琉球海溝は南西諸島海溝とも呼ばれます。海溝の方向は北側ではほぼ南北ですが、南側で大きく東西へと向きを変えているのが特徴です。

火山フロントは北部では阿蘇、霧島、桜島などの活火山がひしめいています。とくに阿蘇《あそ》、始《あい》良《ら》、阿多、鬼界の4つの巨大なカルデラは壊滅的な噴火を起こしています。南部では海底の火山となって目立たなくなります。

石垣島の近くの黒島海丘はシンカイヒバリガイなどの化学合成生物群集とメタンハイドレートが知られています。1771年に発生した八重山の大津波はこのあたりが震源であると考えられ

図9-7　琉球弧と琉球海溝

ています。琉球で知られている最大の津波は高さ85mだったという説もあり、多くの迷子石が作られています。化学合成生物群集やメタンハイドレート、そして大津波などは、すべてフィリピン海プレートが琉球弧の下へもぐりこんでいるために生じたものです。

背弧海盆の沖縄トラフは中国大陸から比較的若い時期に離れたと考えられています。日本で最初に発見された熱水系は、沖縄トラフの伊是名《いぜな》海穴の「ジェードサイト」と呼ばれる熱水系でした。これらの熱水系は背弧海盆からの熱と、中国大陸から来た堆積物中の有機物によるものです。

▲日本の百名山

作家の深田久弥が『日本百名山』を著したのは昭和39年（1964年）のことでした。日本各地の山から深田自身の基準で100座を選んだこの随筆は、のちに文庫になって広く読まれ、山を愛する人々の登山目標となりました。しかし、いまあらためて深田の百名山を見てみると、その選定には大変偏りがあるように思われます。長野県からなんと29座が選ばれ、ほかにも新潟、福島など東京から近いところが多いのは、東京に住んでいた深田にとって便利だったからではないかとも思えます。

彼自身は文庫のあとがきで、以下のように述べています。「選定についてはまず私は三つの基準をおいた。その第一は山の品格である。……第二に私は山の歴史を尊重する。……第三は個性のある山である。……付加条件として、大よそ千五百米以上という線を引いた」。つまり、品格と歴史があり、さらに個性があって1500m以上の山を選んだというわけです。しかし、『理科年表』で日本の主な山のリストを見ると、3000m以上の山は20座、2000m以上の山は92座、これだけでもう100を超えてしまいます。1500m以上となると、もはや一人の人間が一生涯の間に全山制覇するのは不可能な数です。生物学者であり登山家でもある今西錦司《きんじ》はおよそ90年の生涯で1500座の山に登ったそうですが、それでも日本の1500m以上の山の3分の1にも満たないはずです。それほどの数の山から100を選ぶとすれば、やはり独断と偏見によらざるをえないでしょう。今西は深田の文庫に解説を書いているのですが、「関西にある山はもともと1500mより低いので、彼の基準を満たせないではないか。関西にもいい山がたくさんあるというのに。つまり、あれは深田百名山であるにすぎない」といったニュアンスの苦言を呈しています。

ところが、百名山の中には１５００ｍに満たない山が5つ選ばれています。それどころか筑波山（８７７ｍ）や開聞岳（９２４ｍ）のように１０００ｍに満たない山もあります。これは深田のいう「歴史」や「個性」による選定と思われ、この２つの山を個人的に気に入っている私としては、そこは深田に共感しています。

それはともかくとして、百名山を形成する岩石の種類を見ると、まず一番多いのが火成岩で約50％、次に花崗岩で約15％、そして堆積岩が約10％、蛇紋岩が3％と続きます。このことから、溶岩から形成された火山が、やはり景観としてすぐれているといえそうです。

みなさんも山に登るときは、できるだけその山をつくっている自然に注目しながら登ってほしいと思います。深田がいうように、山には個性があります。その個性をつくっているのは、山そのものをつくっている岩石であり、その場所を「山」にした地質学的な過程です。さらに気候や気象条件、水や空気そのほかの作用が加わって、山に植物や動物が棲みつき、ひとつの世界をつくっています。その一番もとになっている地層や岩石を、ぜひじっくりとご覧いただきたいと思います。

実は百名山が長野県などに偏っているのには、相応の理由はあります。日本の国土の高さは列島全体に平均的ではなく、高い場所の分布が偏っているのです。中部日本の長野県、新潟県、山梨県などが圧倒的に高く、その次に北海道の中軸部ほか、学校の地理で習う山脈や火山脈などが続きます。中部日本を頂点として、東西南北どの方向にも低くなっていくのです。これは大陸の衝突が中部日本で激しく繰り返されたからであり、日本の地形の最大の特徴です。

▲世界の百名山

日本百名山があるなら当然、「世界百名山」もあるはずです。インターネットで検索してみたところ、なんと122万件もヒットしました。世界百名山選考委員会なるものもあり、日本のカメラマン白川義員氏も名を連ねています。この委員会では以下の6つを世界百名山の条件としたそうです。①雄大、壮大、荘厳であること。鋭さも必要だが何よりも品性が高く、格調の高い山。②独自の風格を持つ山。③人類の精神史に重要なかかわりを持つ山(たとえばシナイ山のように)。④敬虔な信仰の対象になっている山(たとえばマチャプチャレのように)。⑤高さの順に選ぶわけではないが高さも重要な要素となる。そして⑥登山史上有名な山、というものです。

実際には、13ページの表0-1に掲げたおもな高山はほぼ選ばれているようです。富士山は白川さんが選考委員でなくとも、世界的に人気のある山なので入選。ただし高さは百名山のなかでは下から7番目です。一番低いのはシナイ山の2285mで、中国と北朝鮮の国境にある白頭山

（２７４４ｍ）も入っています。もっとも、この選考が公式に権威のあるものというわけではありません。

世界の山々と比較したときに見えてくる日本の山の特異性はなんといっても、４枚のプレートがひしめき、５つの沈み込み帯がある「板没する国」にできた山であるということです。地形の構造的な違いのことをテクトニックセッティングといいますが、日本のそれが世界でも特徴的であることは、海の中を見ればわかります。すなわち海底の代表的な構造のうち、中央海嶺や拡大系、あるいはトランスフォーム断層がきわめて少なく、そのかわりにあちこちの海溝にプレートが沈み込んでいるのです。

十合目 プレートの循環、山の輪廻

どんな山でもその頂上を極めるのは喜ばしいことです。その心境は西遊記の三蔵法師たちにたとえれば「とうとう天竺《てんじく》に至る」といったものでしょうか。私たちはいまようやく、登ってきた山の全貌を目の当たりにすることができるのです。

頂上に立ったいま私は、ここに至るまでの多くの先人の努力に思いを巡らせたいと思います。もし山についての彼らの研究や観測がなければ、私たちはこれまで歩いてきた道を一人で切り拓《ひら》かなくてはなりませんでした。先人たちの努力があったからこそ楽々と頂上に登れたことにまずは感謝し、頭を下げたいと思います。

これまで見てきたように「山はどうしてできるのか」を統一的に説明できる理論はプレートテクトニクスとプルームテクトニクス以外にないと思います。プレートの生成、移動、そして沈み込みと衝突によって、ほとんどすべてのタイプの山のでき方が説明できます。そして、そのプレートを動かしているのがプルームの運動によるマントルの対流です。

ここでプレートとプルームに注目しながら、もう一度、山のでき方を俯瞰《ふかん》してみましょう。

▲「山のでき方」絵図

図10－1に、これまで見てきた山のでき方の主要なものを一枚の絵に描き込みました。これを見ながら、もう少しくわしく山ができるシナリオの全体像を見渡していきましょう。

プレートが生まれるのは、海嶺のような拡大軸です。そこでは玄武岩が大量に流れ出て、枕状溶岩などさまざまな溶岩が積み重なったもの（パイル）をつくります。これらが次第に盛り上がった地形となり、それが長い距離にわたって連続して形成されたものが、海底の巨大な山脈である中央海嶺です。

プレートの下のマントルには、ホットスポットや、それよりもっと巨大なスーパープルームが存在します。ホットスポットが大量の溶岩を噴出し、海底に積み重なったものが海底火山です。海底火山はやがて海面に姿を現し、ついにはハワイのマウナケアのような巨大な山となります。スーパープルームは地球上に現在2ヵ所知られています。東アフリカとフレンチポリネシアです。それらは莫大な量の溶岩を噴出して大陸を分裂させ、海中ではタヒチ周辺の火山島やオントンジャワ海台、ケルゲレン海台など火山でできた巨大な台地をつくります。

海嶺で生まれたプレートはやがて海溝に沈み込み、沈み込まれる側のプレートに水を供給します。これによってマントルが溶けやすくなり、地下110㎞でマグマを形成します。それが一列に並んだのが島弧の火山フロントです。さらに深い170㎞でもう一つの火山の列が形成されます。これらが七合目で述べた火山活動がつくる山です。このことをプレートテクトニクスはいとも簡単に説明してくれます。

拡大し、移動するプレートには、海嶺に直交する方向にトランスフォーム断層ができます。こ

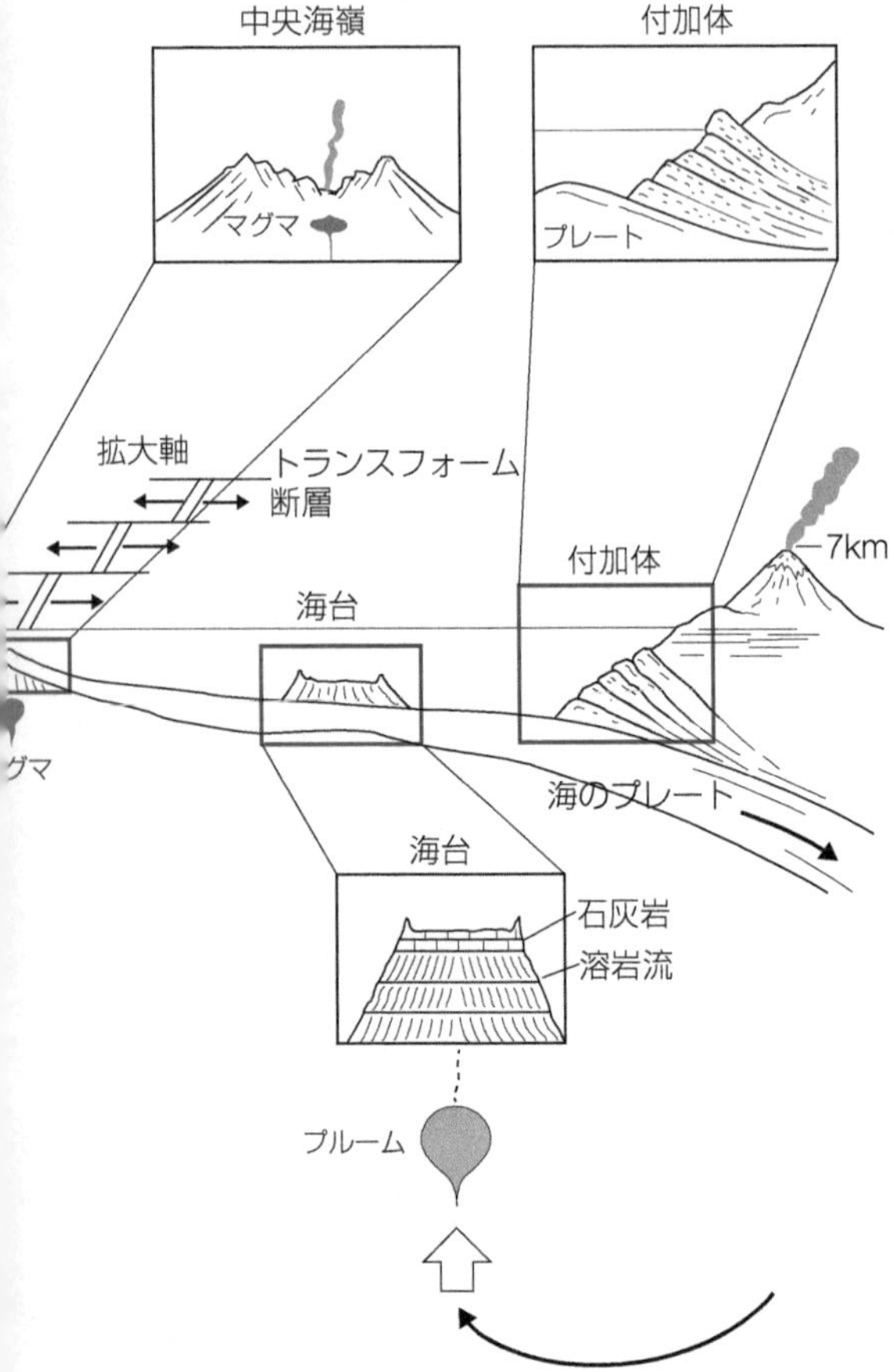

中央海嶺
マグマ
付加体
プレート
拡大軸
トランスフォーム
断層
海台
付加体
7km
グマ
海のプレート
海台
石灰岩
溶岩流
プルーム

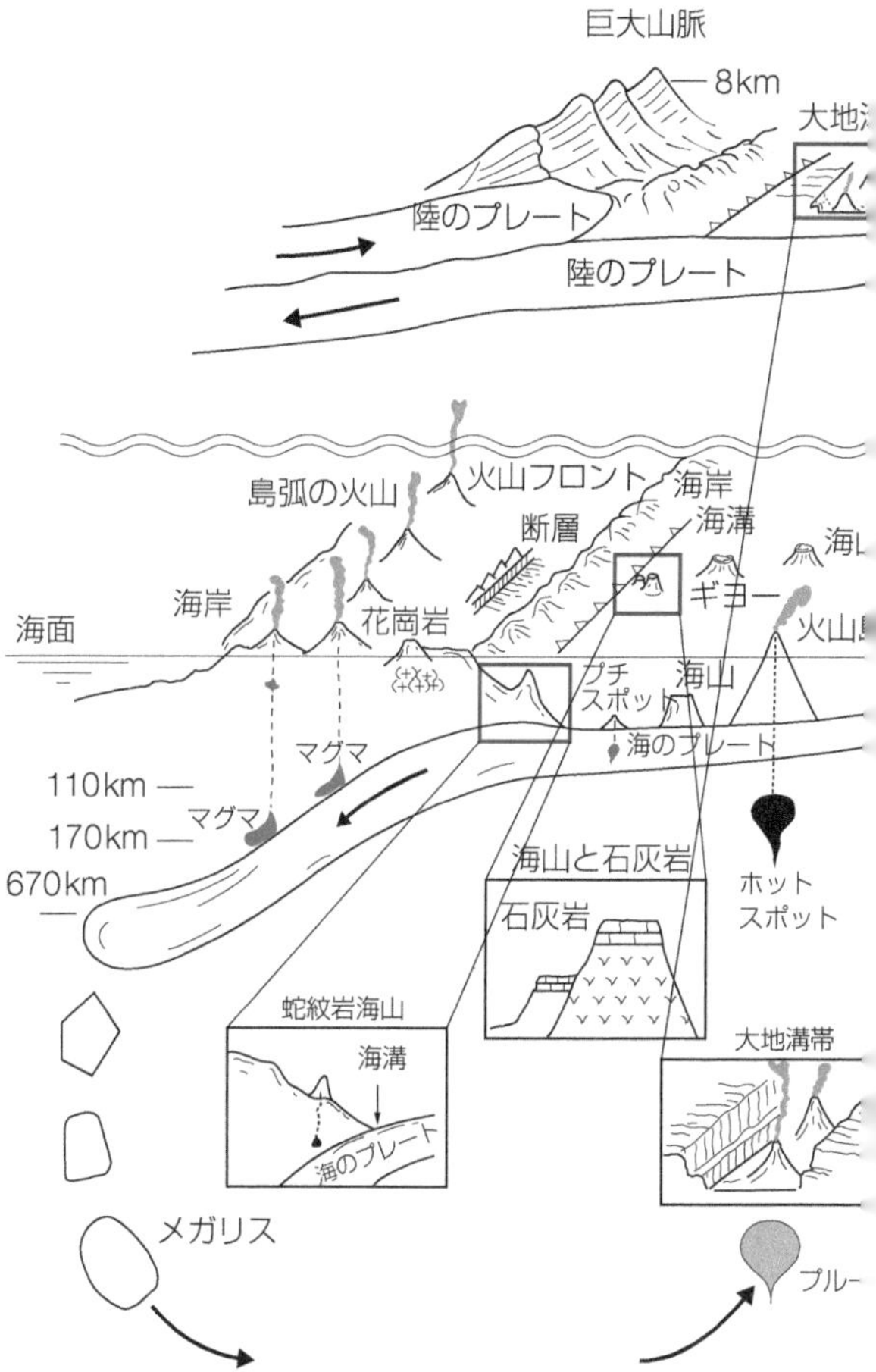

図10−1［「山のでき方」絵図］
プレートテクトニクスで説明できる山のでき方の概要を示した

こでは断層運動によって山ができます。海溝に近づくとプレートは曲げられて、場所によっては正断層をつくる断層運動によって地塁・地溝構造を形成してその上にある海山を破壊し、またプチスポットの火山を形成します。これは東山（京都府）のような断層運動でできた山の〝海洋版〟ともいえるでしょう。

プレートが沈み込むと、大量の堆積物がブルドーザーでかき上げられたように陸側へ押し上げられて付加体を形成し、山をつくります。また、大陸地殻を持つプレートどうしが衝突すると、沈み込めず山脈を形成します。ヒマラヤ山脈がその例です。

沈み込んだプレートが沈み込まれる側のプレートに水を供給することによって、やや深いところでは、マントルのかんらん岩を蛇紋岩化し、蛇紋岩海山や泥火山を形成します。さらに深いところでは、周辺のマントルが部分融解して形成されたマグマが地殻を溶かして花崗岩質マグマを形成し、それが地殻の中に入り込んだり上昇したりして、花崗岩の山になります。ほかに、火山島周辺のサンゴ礁がつくる石灰岩も海溝に運ばれて付加体となり、山をつくります。山とはこのように、プレートの生成→移動→消滅→生成という循環によって形成されるのです。

▲ヒマラヤが無限に高くならないわけ

ヒマラヤ山脈がアジアだけでなく世界の気候にまで大きな影響を与える８０００ｍもの巨大な

壁になったのは、インドがユーラシア大陸に衝突したおよそ4300万年前より以降のことと考えられています。そして衝突後もインド・オーストラリアプレートは淡々と北上を続け、その分だけユーラシア大陸が圧縮されて隆起し、山は高くなっています。さらに、インド亜大陸がユーラシア大陸の下へむりやり潜り込んでいるために、ヒマラヤは地殻が通常の大陸地殻の倍ほどの約70㎞もの厚みになっています。そのためヒマラヤの北にあるチベット高原も、かつては背弧海盆であったものが、現在は標高4000mの高原になっています。

ということは、インド・オーストラリアプレートが動いているかぎり、ヒマラヤは無限に高くなりそうなものです。ところが、実際にはそうはならないようです。なぜヒマラヤはいま以上に高くはならないのでしょうか?

それは「出る杭は打たれる」のたとえよろしく、隆起・上昇した山は削剥《さくはく》、つまりは削り取られるからです。削剥は絶え間なく、少しずつ進みます。そして削剥された礫《れき》や砂は雨によって洗い流され、やがて川によって運ばれて海に至ります。

インドの東にはベンガル湾という途方もなく大きな湾があります。日本で湾といえば相模湾や富山湾がありますが、そんなものではありません。差し渡しで東西2000㎞以上、南北1800㎞以上、日本海よりもはるかに大きい「海」なのです。そして、この湾の底にたまっている堆積物の厚さを音波探査で調べてみると、なんと9000mもあるのです。これは現在のヒマラヤ山脈の高さに匹敵するか、むしろそれ以上になります。堆積物はたくさん積もればその圧密で縮みますが、圧力をもとに戻せば9000mよりはるかに厚くなると思われます。これほどの厚い堆積物は、いったいどこから来たのでしょうか？　いうまでもなくヒマラヤからやってきたのです。つまり、それだけとてつもない量の削剝が繰り返されてきたのです。

しかし、この堆積物はインドがユーラシア大陸に衝突した4300万年前から営々と山を浸食・削剝してたまったものなのか、それとも過去にヒマラヤのような山脈が何回かできては削剝されていて、その分も堆積しているのか、そこのところはいまだに謎です。

▲デービスの「地形の輪廻」

ヒマラヤと同じようなことは、実は日本でも起こっています。

日本アルプスは日本列島の中でも際立って高い山脈（飛驒山脈、木曾山脈、赤城山脈）をつくっています。しかも、これらは地質学的にはきわめて最近、200万年ほどでできたといわれています。これは伊豆・小笠原弧の衝突だけでなく、東北日本弧と西南日本弧が衝突したためで、その結果、きわめて短時間で高い山脈が形成されたのです。日本海が拡大する前は東北日本弧と西南日本弧は別々にあったのですが、1500万年ほど前に日本海の拡大によって南下してきた東北日本弧が、西南日本弧に衝突したのです。

こうしてできた日本アルプスは、ヒマラヤ同様、やはり「出る杭」です。湿潤で雨の多い日本の気候のもとでひたすら浸食・削剝を受けます。飛騨から中央アルプス、そして南アルプスを形成していた山々は削られて、その砂礫《されき》や土砂は河川によって運ばれます。その運び手は富士川です。やがてこれらの堆積物は駿河湾に流れ込み、さらに南海トラフへと到達するのです。

静岡県の三島地域に伝わる「のーえ節」という作者不詳の唄があります（「農兵節」と表記されることもあるようです）。

富士の白雪ゃのーえ
富士の白雪ゃのーえ
ええ富士のさいさい
白雪ゃ朝日に溶ける

溶けて流れてのーえ
溶けて流れてのーえ
ええ溶けてさいさい
流れりゃ三島に注ぐ

というものです。このあとも唄は延々と続いて、雪溶け水が三島を出てはまた戻ってくるという循環がエンドレスに繰り返される、なんとものんびりしたほほえましい唄なのですが、しかしこの歌詞は重要なことを指摘しています。実は、富士山に積もった白雪だけではなく、富士山が削られた土砂もエンドレスに循環しているのです。三島に注ぐ富士川の後背地には日本アルプスがあります。その山々から削剝されて富士川に流れこんだ土砂は駿河湾に運ばれます。駿河湾の海底に流れこんだ土砂は南海トラフへ運ばれます。南海トラフにたまった堆積物は付加体をつくり、やがて陸をこしらえます。四国の南半分の山脈です。山脈は隆起した分が削剝されて、その土砂はまた川に運ばれ、やがて海へ、そしてトラフへ……これはまさに「のーえ節」です。山はこのように、削られ、運ばれ、堆積し、また山になるのです。

このようなことが、地球史の9分の8をも占める先カンブリア時代の長い時間に繰り返されました。大陸が分裂移動、合体を繰り返していた時代です。山が何度も削られて、もはや侵食も削剝もならないような平坦な地形になったものを準平原（Peneplain）と呼んでいます。準平原が広がる地帯は、中世ヨーロッパの盾を伏せたような平坦で少し盛り上がった形をしているため盾状地と呼ばれています。大陸には北米の大平原、オーストラリアの平原など準平原が多く、陸地の平均高度が８４０ｍと意外に低いのもそのためなのです。

しかし、準平原は地形の「死」を意味するわけではありません。大陸の地形はある順序に従って刻々と変化していて、それは循環していることに気づいたのは、アメリカの地質学者デービスでした。このことをデービスは「地形の輪廻」という考え方として提案しました。

地形は平坦な幼年期地形が隆起して壮年期地形となり、やがて老年期地形を経て準平原になると、それがまた隆起して次のサイクルが始まるという考えです（図10－2）。

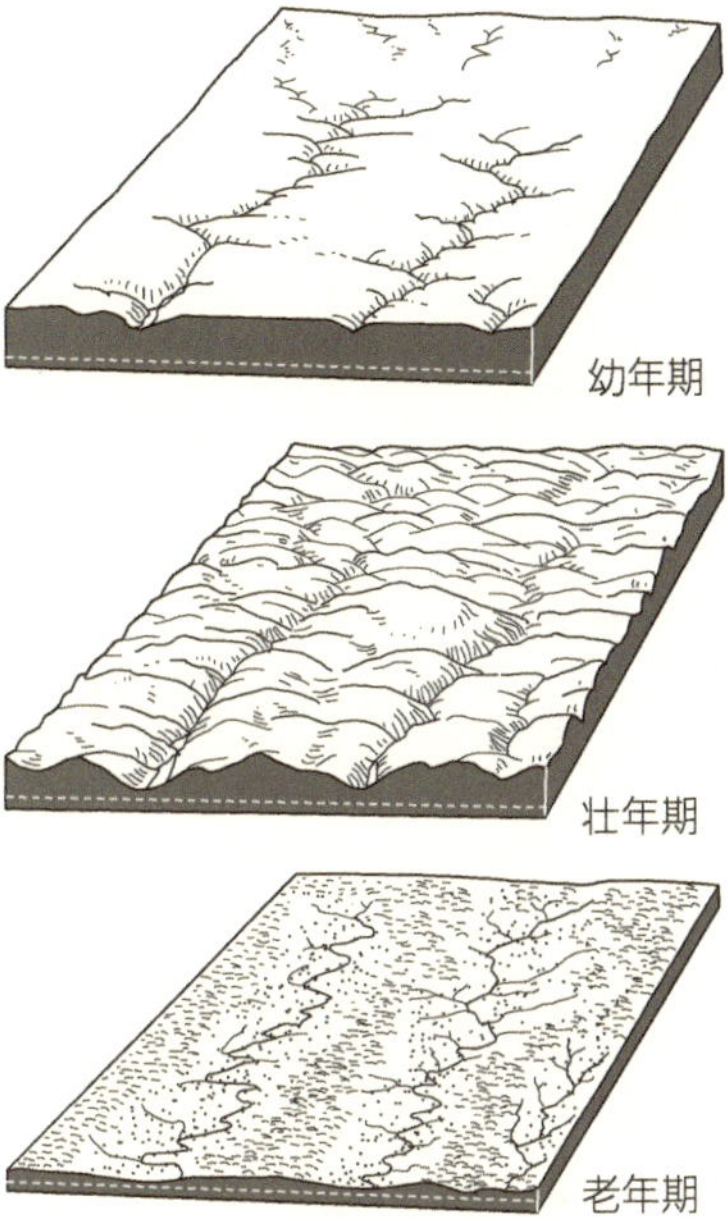

図10−2　デービスの輪廻

日本列島の近くには、わずか250kmほどの水平距離の間で比高が13kmもあるようなところがあります。このような地形は、現在も生きて活動しているといってよいでしょう。しかし、山がどんどん浸食されてそれが海溝を埋めていけば、やがて両者の比高はなくなってしまうでしょう。これだけ大きな比高を保っているということは、この地域がいま生きている、あるいは活動的であるということなのです。

大塚弥之助は著書『山はどうして

できたか』に「山はそこにあったのではなくてできていくものである」と書いています。確かに山は最初からそこにあったのではなく、できていくものです。しかし、できた山は削剝され、消滅し、また新しく形成され、そしてまた削剝されます。「のーえ節」は現在もなお、続いているのです。

これはインド、中国、日本など仏教圏では親しまれている、一種の「輪廻の思想」ともいえます。そして、輪廻の思想にもとづいているのは山や地形だけではないのです。

図10-3　さざれ石（礫岩）

▲地球も「さざれ石」

いま地球上にある大陸は、超大陸が分裂と集合を繰り返し、地球の表面を何周も巡って現在の位置にモザイクの1つのピースとしてはめ込まれた寄木細工です。日本列島も、より規模が小さな寄木細工です。

それは地球スケールで考えても、実は同じことがいえます。「はやぶさ」が訪ねた「イトカワ」という小さな

図10－4［日本列島の地体構造］日本列島はさまざまな地質体から構成される「さざれ石」である

星がありますが、イトカワのような星が寄せ集まって約46億年前にできたのが地球なのです。日本の国歌である「君が代」には「さざれ石」という言葉が出てきます。さざれ石とは礫岩《れきがん》、つまり岩や石のかけらが寄せ集まった岩のことです（図10－3）。日本列島は大きく見れば一つの礫岩なので（図10－4）、この歌は日本のことをよく表現しているといえます。そしてその考え方は大陸、ひいては地球のスケールにまで広げても同じなのではないかと思われます。大陸も、地球も、より大きな規模で見れば分裂と集合を繰り返す寄せ集めの「さざれ石」にすぎないのです。

アメリカの天文学者にしてSF作家のカール・セーガンは、フンボルトの著作と同名の代表作『コスモス』の中で、星が生まれては死んで爆発し、飛び散った星のかけらでまた新しい星が生まれ……という繰り返しに、輪廻の思想を重ね合わせています。そこでは宇宙さえも1回きりのものではなく、生成と消滅を繰り返していると書いています。インドには時間を表す「ブラフマ」という単位があり、1ブラフマはおよそ87億年もの長い時間です。これが宇宙の年齢のおよそ半分にあたり、神様は1ブラフマ寝ると、次の1ブラフマは起きていて、また次は寝ているのだそうです。これはとてつもなく長い単位ですが、その繰り返しのなかに地球があり、大陸があり、山があり、そして私たちがいるのです。

あとがき――下山して、温泉で

「山はどうしてできたのか」はいかがでしたか？　困難な山を頂上まで登りきって、いまは温泉にでも浸かって疲れた頭を休めたい思いではないでしょうか。私自身もひと仕事終えたので、温泉に入って酒でも飲みたい気分です。

東アフリカに誕生した人類が火を噴く山を目にして以来、謎であり続けた山のなりたちを解明する端緒となった大陸移動説が登場してから、２０１２年でちょうど１００年になります。ウェーゲナーの時代からさらに１００年かけてようやく、本書に書いたところまでは私たちは理解できたわけです。もしプレートテクトニクスがいまだに確立されていなければ、いまごろ私たちは山のでき方についてどんなシナリオを描いていたことでしょう。

この「あとがき」を書いている12月10日には、皆既月食に出くわしました。寒空に浮かぶ月の表面を、久しぶりにしげしげと見たのです。そのときに実は、プレートテクトニクスでは説明できない山があることに気づき、一瞬、しまったと青ざめました。

それは、おびただしく存在する月のクレーターの中にある山です。これらは隕石の衝突によってできたものなのです。月だけならよいのですが、実は地球にもいまから40億年以上も前、月と同様に隕石の集中攻撃を受けた時期がありました。このときにできた山は、プレートテクトニクスとは無関係です。そのことを思い出したのです。
しかし、やがて気を取り直しました。このときにできた山は、いまではすっかり浸食されて残っていません。したがって山ができる話の大筋は本書にまとめたとおりで大丈夫です。ようやく書き終えて、温泉気分でいたところへ肝を冷やした思い出でした。

本書を作成するに当たって、多くの方々にお世話になりました。友人で作家の藤崎慎吾氏にはこの本の出版を勧めていただきました。地球科学研究の友人である新潟大学の宮下純夫氏からは山や露頭の写真を提供していただきました。東京大学大気海洋研究所の芦寿一郎氏、産業技術総合研究所の岸本清行氏からは実験の写真と地形図を提供していただきました。海洋研究開発機構の同僚の萱場うい子、馬場千尋の両氏にはさまざまな段階で原稿を読んでいただき、多くの貴重なコメントを賜わりました。そのために筋書きや説明が平易になったと思います。また、もと同僚の山口はるか氏の岳父、芳野赳夫氏にはエベレストの写真を提供していただきました。これらの方々に感謝します。最後に講談社ブルーバックス出版部の山岸浩史副部長にはこの本の最初から最後までお世話になりました。とりわけ論理の成り立たないばらばらな文章を丁寧に修正していただきました。この本が少しでも読みやすく内容も楽しいものになったとすれば、それは右に挙げた方々に負うところが大きいと思います。それでも内容的にあやふやなことや間違いなどがあるとすれば、それはひとえに筆者の責任です。

平成23年12月、丹沢の肩越しに富士の白峰を仰ぎながら

藤岡換太郎

［参考図書］

本書は一般の人が対象なので、論文や英文の書物などは割愛した。すでに絶版になっているものもあるが、古書店などで入手可能と思われるものを列挙した。

安宅夏夫『日本百名山の背景―深田久弥・二つの愛―』集英社新書
太宰治『富岳百景』岩波文庫
チャールズ・ダーウィン、島地威雄訳『ビーグル号航海記』（中）岩波文庫
リチャード・フォーティ、渡辺政隆・野中香方子訳『地球46億年全史』草思社
藤岡換太郎『深海底の科学　日本列島を潜ってみれば』NHK出版
藤岡換太郎他編『伊豆・小笠原弧の衝突』有隣堂新書
藤田和夫『日本の山地形成論　地質学と地形学の間』蒼樹書房
深田久弥『日本百名山』新潮文庫
深田久弥『わが山山』中公文庫
フロランス・トリストラム、喜多迅鷹・デルマス柚紀子訳『地球を測った男たち』リブロポート
K.P.インブリー、小泉格訳『氷河時代の謎を解く』岩波現代選書
原山智・山本明『超火山「槍・穂高」』山と渓谷社
広島三朗『山が楽しくなる地形と地学』山と渓谷社
アーサー・ホームズ、上田誠也他訳『一般地質学Ⅰ、Ⅱ、Ⅲ』東京大学出版会
堀田弘司『山への挑戦』岩波新書
稲森潤・木村達明『風景を読む』講談社ブルーバックス
五百沢智也『山を歩き山を画く』講談社現代新書
伊藤和明『火山―噴火と災害―』カラーブックス
石山尚『山の地学入門』山と渓谷社
岩田修二『山とつきあう』岩波書店
香川幹一『日本の地形』古今書院
貝塚爽平・鎮西清高編『日本の山』岩波書店
神沼克伊・小山悦郎『日本の火山を科学する』サイエンスアイ新書
川口邦雄『山歩きの楽しみ』講談社現代新書
川口邦雄『日本の山１００』講談社現代新書
ダニエル・ケールマン、瀬川裕司訳『世界の測量―ガウスとフンボルトの物語』三修社
京都新聞社編著『東山三十六峰』京都新聞社

小畦尚『山を読む』岩波書店
小泉武栄『山の自然学』岩波新書
小島烏水『山岳紀行文集　日本アルプス』岩波文庫
国立天文台編『理科年表　平成23年』丸善
近藤信行『登山入門』岩波ジュニア新書
近藤信行『山の旅　明治・大正編』岩波文庫
近藤信行『山の旅　大正・昭和編』岩波文庫
近藤信行編『山の名著―明治・大正・昭和戦前編―』自由国民社
町田洋・荒井房夫『火山灰アトラス』東京大学出版会
前田保夫『六甲山はどうしてできたか』神戸市教育研究所
槇有恒『わたしの山旅』岩波新書
三松正夫『昭和新山　その誕生と観察の記録』講談社
三松正夫『火山と私との一生　昭和新山物語』北海プリント社
三田博雄『山の思想史』岩波新書
都城秋穂『地球科学の歴史と現状』
都城秋穂『変成岩と変成帯』岩波書店
都城秋穂編『世界の地質』岩波書店
都城秋穂・安芸敬一編『変動する地球Ⅲ』岩波書店
L.J.ミルン・M.ミルン、村内必典訳『山』パシフィカ
西丸震哉『山の博物誌』中公文庫
野本寛一『神と自然の景観論』講談社学術文庫
大塚弥之助『山はどうしてできたか』岩波書店
カール・セーガン、木村繁訳『コスモス』朝日文庫
斉藤一男『日本の名山を考える』アテネ書房
阪口豊編『本の自然』岩波書店
坂本峻雄編『生命の歴史』岩波書店
司馬遼太郎『因幡・伯耆のみち　檮原街道』朝日新聞社

志賀重昻『日本風景論』岩波文庫
式正英『自然の博物誌〈山〉』NHKカラーブックス
白旗史朗『山と写真わが青春』岩波ジュニア新書
白旗史朗『南アルプス』山と溪谷社
新星出版社編集部『カラー版徹底図解　地球のしくみ』新星出版社
鈴木弘道『新版　山の高さ』古今書院
諏訪兼位『裂ける大地アフリカ大地溝帯の謎』講談社選書メチエ
高橋正樹『花崗岩が語る地球の進化』岩波書店
高橋正樹・小林哲夫編『北海道の火山』築地書館
高橋正樹・小林哲夫編『東北の火山』築地書館
高橋正樹・小林哲夫編『関東甲信越の火山Ｉ』築地書館
高橋正樹・小林哲夫編『関東甲信越の火山Ⅱ』築地書館
高橋正樹・小林哲夫編『中部・近畿・中国の火山』築地書館
高橋正樹・小林哲夫編『九州の火山』築地書館
竹内均・上田誠也『地球の科学　大陸は移動する』ＮＨＫブックス
手塚章編『続・地理学の古典―フンボルトの世界―』古今書院
寺田寅彦『寺田寅彦全集第六巻』「日本人の自然観」岩波書店
寺田寅彦『寺田寅彦全集第七巻』「天災と国防」「地図を眺めて」岩波書店
辻村太郎『山』岩波新書
辻村太郎『地形の話』古今書院
上田誠也・杉村新編『世界の変動帯』岩波書店
梅棹忠夫・山本紀夫編『山の世界』岩波書店
ウェーゲナー、竹内均訳『ウェーゲナーの生涯　北極探検に賭けた地球科学者』東京図書
山田圭一『空から見た北アルプス』山と溪谷社
山と溪谷社編『世界の山々』山と溪谷社
山と溪谷社編『日本の山々』山と溪谷社
山本偦『ひとり旅の風景』講談社現代新書

［**図版の出典**］図版作成の参考にした図書と、写真・図版提供者

「準備運動」章扉 エベレスト　芳野赳夫氏提供
表0−1 世界のおもな高山　『理科年表　平成23年』（丸善）
図1−2 海から見た日本の地形　JAMSTEC提供
図1−4 海嶺とトランスフォーム断層　JAMSTEC提供
図1−5 海溝　JAMSTEC提供
図1−6 海山　JAMSTEC提供
図1−7 海台　JAMSTEC提供
図1−9 地球システム　『カラー版徹底図解　地球のしくみ』新星出版社編集部（新星出版社）
表2−1 地球の中心からの距離で決めた山の高さの比較
『新版　山の高さ』鈴木弘道（古今書院）
図2−1 ジオイド　『カラー版徹底図解　地球のしくみ』新星出版社編集部（新星出版社）
図3−3 地向斜の幼年期から壮年期　『生命の歴史』坂本峻雄編（岩波書店）
図4−2 大西洋中心の世界地図　岸本清行氏提供
図4−3 超大陸パンゲアの変化
『地球の科学　大陸は移動する』竹内均・上田誠也（NHKブックス）
図4−4 氷河の分布
『地球の科学　大陸は移動する』竹内均・上田誠也（NHKブックス）
図4−5 マントル対流説
『一般地質学I、II、III』アーサー・ホームズ、上田誠也他訳（東京大学出版会）
図5−4 熱水系　JAMSTEC提供
図5−6 オフィオライトの枕状溶岩（八合目章扉も）　宮下純夫氏提供
図5−7 オフィオライトのはんれい岩　宮下純夫氏提供
図5−8 地震波トモグラフィー　JAMSTEC提供
図5−9 プルーム　『カラー版徹底図解　地球のしくみ』新星出版社編集部（新星出版社）
図5−10 ウィルソンサイクル　『カラー版徹底図解　地球のしくみ』新星出版社編集部（新星出版社）
図6−3 六甲山　『六甲山はどうしてできたか』前田保夫（神戸市教育研究所）
図6−4 東アフリカの大地溝帯
『裂ける大地　アフリカ大地溝帯の謎』諏訪兼位（講談社選書メチエ）
図6−5 東アフリカ地溝帯の地形断面
『一般地質学I、II、III』ホームズ、上田誠也他訳（東京大学出版会）
図6−6 付加体のできかた　芦寿一郎氏提供
図6−9 北米大陸の年代　『カラー版徹底図解　地球のしくみ』新星出版社編集部（新星出版社）
図6−12 泥火山　JAMSTEC提供
図7−1 富士山の4階建て構造　『富士山噴火』鎌田浩毅（講談社ブルーバックス）
図7−3 ハワイ島と天皇海山　『カラー版徹底図解　地球のしくみ』新星出版社編集部（新星出版社）
図8−4 ダイアトリーム
『裂ける大地　アフリカ大地溝帯の謎』諏訪兼位（講談社選書メチエ）
図10−2 デービスの輪廻
『一般地質学I、II、III』ホームズ、上田誠也他訳（東京大学出版会）
図10−4 日本列島の地体構造　斉藤靖二氏提供

【ま行】

【や行】

【ら行】

【た行】

【な行】

【は行】

さくいん

N.D.C.454.5　238p　18cm

ブルーバックス　B-1756

山《やま》はどうしてできるのか
ダイナミックな地球科学入門

2012年1月20日　第1刷発行
2025年6月17日　第13刷発行

著者　藤岡換太郎《ふじおかかんたろう》
発行者　篠木和久
発行所　株式会社講談社
〒112-8001 東京都文京区音羽2-12-21
電話　出版　03-5395-3524
販売　03-5395-5817
業務　03-5395-3615
印刷所　（本文表紙印刷）株式会社ＫＰＳプロダクツ
（カバー印刷）信毎書籍印刷株式会社
製本所　株式会社ＫＰＳプロダクツ

定価はカバーに表示してあります。

ISBN978−4−06−257756−4

発刊のことば

科学をあなたのポケットに

二十世紀最大の特色は、それが科学時代であるということです。科学は日に日に進歩を続け、止まるところを知りません。ひと昔前の夢物語もどんどん現実化しており、今やわれわれの生活のすべてが、科学によってゆり動かされているといっても過言ではないでしょう。

そのような背景を考えれば、学者や学生はもちろん、産業人も、セールスマンも、ジャーナリストも、家庭の主婦も、みんなが科学を知らなければ、時代の流れに逆らうことになるでしょう。

ブルーバックス発刊の意義と必然性はそこにあります。このシリーズは、読む人に科学的に物を考える習慣と、科学的に物を見る目を養っていただくことを最大の目標にしています。そのためには、単に原理や法則の解説に終始するのではなくて、政治や経済など、社会科学や人文科学にも関連させて、広い視野から問題を追究していきます。科学はむずかしいという先入観を改める表現と構成、それも類書にないブルーバックスの特色であると信じます。

一九六三年九月　野間省一